若さに贈る

越勇敢
越青春

经营之神写给年轻人的
热血启示

まつしたこうのすけ

[日] 松下幸之助 著

黄悦生 译

北京联合出版公司
Beijing United Publishing Co.,Ltd.

图书在版编目（CIP）数据

越勇敢越青春：经营之神写给年轻人的热血启示 /（日）松下幸之助著；黄悦生译 . -- 北京：北京联合出版公司，2016.5（2023.4 重印）

ISBN 978-7-5502-7356-6

Ⅰ . ①越… Ⅱ . ①松… ②黄… Ⅲ . ①人生哲学－青年读物 Ⅳ . ① B821-49

中国版本图书馆 CIP 数据核字（2016）第 058927 号

北京市版权局著作权合同登记号：图字 01-2016-1398

WAKASA NI OKURU
By Konosuke MATSUSHITA
Copyright© 2014 by PHP Institute, Inc.
First published in Japan in 2014 by PHP Institute, Inc.
Simplified Chinese translation rights arranged with PHP Institute, Inc.
through CREEK & RIVER CO.,LTD. and CREEK & RIVER SHANGHAI CO., Ltd.

越勇敢越青春 ：经营之神写给年轻人的热血启示

作　　者：[日]松下幸之助
译　　者：黄悦生
出 品 人：赵红仕
责任编辑：夏应鹏
封面设计：吴黛君

北京联合出版公司出版
（北京市西城区德外大街83号楼9层 100088）
北京新华先锋出版科技有限公司发行
三河市宏达印刷有限公司印刷　新华书店经销
字数100千字　620毫米×889毫米　1/16　12印张
2016年7月第1版　2023年4月第4次印刷
ISBN 978-7-5502-7356-6

定价：69.00元

青春

青春とは心の若さである
信念と希望にあふれ勇気に
みちて日に新たな活動を
つづけるかぎり青春は永遠に
その人のものである

松下幸之助

挂在京都真真庵墙上的"青春感言"。

目 录

contect

第 1 章

你要感谢自己曾经受的苦

第 6 章

世界不会亏欠每个努力的人

第 7 章

成功和你想的不一样

和年轻社员交流（79 岁，日本九州）。

在昭和五十一年（1977）PHP 研究所创立 30 周年的纪念宴会上，81 岁的
松下幸之助表演了民谣《黑田节》。

在京都真真庵里跳凌波舞的松下幸之助（82 岁）。

松下幸之助曾在自行车店当伙计，因而对自行车有着特殊的感情。昭和四十年（1965），70岁的他骑着自己生产的自行车。

创刊致辞

　　2014 年既是我的祖父松下幸之助的一百二十年诞辰，也是他辞世的第二十五年。至此，为了让更多的人知道 PHP 的创立者幸之助的思想，敝社除了出版幸之助的亲笔著作外，也举办了各种各样的活动，广泛地介绍其事迹、演讲、人生哲学等。

　　去年年底，幸之助的代表作《道路宽广》，自初版已过四十六年，累计发行突破 500 万册。想必很多人感兴趣的，还是幸之助自己的著书吧？我们对此进行了深刻的思考，并创办了"松下幸之助丛书"。我们从已发行的单行本和文库本中挑出一些主要著作，尤其是经管部分比较容易上手的，作为系列，进行了整合和再版。若祖父的著作能够让大家收益更多，我将感到非常欣慰。

PHP 研究所会长　松下正幸

2014 年 3 月

自序（旧版）

　　此番，讲谈社强烈建议我能结合自己的经历，谈一谈是什么成就了今天的我，尤其是希望能给年轻人一些总结。这些年，我应邀出版了数册作品，除了感到幸运之外，能够得到好评，既感动又担忧。我并不擅长写文字，原本没想过要出书，但在一次次的邀请下，竟也陆陆续续出了一些。

　　要说自己的经历，我感到很难。不过，年轻人肩负着未来日本的繁荣，作为一名日本人，如果我的人生经历能够对他们有所帮助，哪怕很微弱，我也感到十分幸福。

　　最后，由衷感谢讲谈社的山本康雄和涉谷裕久，使得本书能够付梓。

松下幸之助

京都·真真庵

新版序

　　本书初版于昭和四十一年（1966年），是松下幸之助专门为年轻人写的。在这宝贵的青春岁月里，我们怎样才能过得充实而有意义呢？怎样才能一直保持开创人生的热情、从日常生活中学到更多东西呢？这本书里有许多这样的经验之谈。

　　松下幸之助去世已经过了四分之一个世纪，如今，他已跻身"历史人物"之列。而在当时，他是日本最有名的企业家之一。首先让"松下"名扬天下的，是昭和二十五年（1950年）公布的富豪榜——松下幸之助在昭和三十年（1955年）首次登上富豪榜的第一名，到本书首次出版的十一年间，他共荣获八次第一名、三次第二名，绝对是首屈一指的"富豪"。

　　尽管松下幸之助如此富有，但却不曾招来民众的嫉妒，反而赢得了大家的尊敬。这是因为，松下幸之助是贫苦出身而获得成功的"日本梦"的体现者。另外，松下电器（现在的Panasonic）在自身发展同时，还以促进全社会的繁荣、幸福为目标，并付诸实践——这种"松下经营哲学"已经深入人心。

　　所以，松下幸之助获得了包括年轻人在内的广泛支持。昭和三十九年（1964年）6月4日，《每日新闻》公布了年轻男女们"最尊敬的人物"问卷调查结果——松下幸之助在在世的日本人之中排第一，在总榜单上（包括外国人和已经去世的人）排第八。如果以工薪家庭的男孩为调查对象的话，松下幸之助在总榜单上则高居第一。从那时起，松下幸之助开始频频出现在各种升学应考杂志和漫画杂志上。《越勇敢越青春》就是在这样的时代背景下出版的。

　　此书以松下幸之助自己撰写的座右铭开篇，字里行间尽是他不想失去年轻朝气的恳切愿望。在书中，松下幸之助面向风华正茂的年轻人讲述了年轻人应有的气魄和热情。其实，这些话对于逐渐忘记"保持年轻心态"的人们也具有鞭策作用。因此，我们希望，不仅是年轻人，其他年龄层的人也能拿起这本书，加入阅读"松下幸之助丛书"的队伍中。

　　希望此书对各位读者的人生和工作有所启发。

PHP 研究所经营理念研究本部

2014 年 3 月

前　言

致风华正茂的你们

青春，

是拥有一颗年轻的心。

坚持信念，满怀希望，

鼓足勇气，不断创新，

青春就会永远属于你。

这几句关于"青春"的感言就贴在京都真真庵[1]一面显眼的墙上。我每周都要去一次真真庵，一天看上好几遍，反复诵读，不断回味。

今天刚出生的婴儿，十年之后，会变成十岁的少年；二十年之后，会变成年轻力壮的二十岁青年；五十年之后

---

[1] 真真庵：位于京都东山山麓，松下幸之助从 1961 年开始在此开展 PHP 研究所的活动。

变成五十岁，八十年之后变成八十岁……我们的年龄就是这样一点一点增长的，这是谁也无法改变的自然规律。在这一生中，我们会经历幼年期少年期、青年期、壮年期、老年期。你也一样，正在经历、或者即将经历这些人生阶段。

那么，在各个人生阶段中，最宝贵、最有魅力的是哪个时期呢？——虽然各个时期都有其不可替代的价值，而且每个人的体会、看法和想法也各不相同，但我还是会选择年轻而满怀希望的青春时期。

前不久，我出席一个成人礼。走到讲台上发言时，我看见台下密密麻麻地坐着几千位年轻人，心中生出无限感慨：真令人羡慕啊！那天，我情不自禁地抒发起了自己的感想：

"如果可以回到你们这个年龄，我愿意舍弃自己拥有的一切！"

青春时期，不仅身体年轻，精神上也朝气蓬勃，满怀着无限希望和远大理想。青春时期正是人生的黄金阶段。

虽然古代先哲曾说过：老有所为，老有所乐。老年有老年之乐，老年有老年的生活。但我还是希望自己能永葆青春，而且，我相信自己能做到。诚然，身体逐渐衰老是无法避免的，但心态是可以自己调控的。我深信，真正的青春，属于永远力争上游的人，属于永远忘我劳动的人，属于永远谦虚的人。

无论何时，我都不想失去朝气——这是我一直以来的恳切愿望。最近，这一愿望变得越发强烈。因为我深切地体会到，工作中保持年轻的心态是十分必要的；同时，我开始根据自己过去的经验开展对人的研究，希望为社会尽微薄之力——即"PHP"（Peace and Happiness through Prosperity）研究——要做好这项研究，同样也需要一颗年轻的心。所以，我需要符合这种心境的座右铭来勉励自己。前不久，偶得灵感，就写下了开篇的那几句感言。

后来，我碰见了松永安左卫门[1]先生。松永先生虽然已经九十岁高龄，但仍在担任电力中央研究所的理事长，精力充沛地工作着。而且，他的话里总是充满朝气——充分体现了我写下的那几句"青春感言"，让人觉得他永远是个年轻人。于是我更坚定了自己的信念：我也能像他那样永远年轻下去。

前不久，我把自己的"青春感言"写在彩色纸上，赠

[1] 松永安左卫门（1875～1971）：电力事业经营者。战前日本五大电力公司之一"东邦电力公司"的总经理。战后，就任电力事业改组审议会会长，是主宰电力事业改组的核心人物，被称为"电力之鬼"。

送给全国各地的销售商们，希望他们也能永远保持青春的朝气，斗志昂扬地工作。

我想，本书的读者们，大概和我的儿孙辈一样年轻，还在青春里神采飞扬、肆意挥霍。你们还置身其中，而我已经老去，所以，或许你们很难像我这么深切地感受到青春的可贵。正如人们常说：要等到失去以后，才会真正懂得去珍惜。

尽管如此，我还是想由衷地告诉各位读者：我即使到了眼下这把年纪，仍然愿意付出一切来换回青春，可见青春是多么宝贵啊！

而你现在拥有这宝贵的青春——我在座右铭里无限向往、想极力挽回的青春，你正轻轻松松地拥有着。你的每天都如此宝贵。那么，怎样才能有意义地、充实地度过每天呢？接下来，我就和大家一起来分享我自己的想法和体会。

part 1

你要感谢自己曾经受的苦

在顺境中发挥出 100% 的能力是很正常的，
而在逆境中，或许只能发挥出 70%、60%。
但是，我要发挥到 120% 甚至 150%——这就
是魄力！

人生的第一桶金

　　明治二十七年（1894 年）——正值日清战争[1] 期间，我出生于和歌山县。今年（昭和四十一年，即 1966 年）我已经七十一岁了。最近，经常有人邀请我去演讲，而且每次都让我给年轻人讲讲自己从小所吃的苦。

　　我自己倒不觉得曾吃过多少苦，受过多少累，有过多少难熬的日子。因此，我最怕说这个了。但为了不辜负对方的期待，我还是会说一两件自己记忆中的往事。

　　本书的读者想必也想了解一些我的成长经历吧，所以，

[1] 日清战争：即中日甲午战争，发生于 1894 ～ 1895 年。

干脆就先从自己最不擅长的开始写个一两件吧。写出来，我自己心里畅快些，对于第一次看我写的书的读者来说，也能增加一点儿亲近感。

六十多年前，我在店里当伙计。记得当时我才九岁，读小学四年级。那年秋天，家里穷得实在揭不开锅了，我不得不出去找点儿活干，免得全家都挨饿。因此，小学还没读完，我就退学了。这在现在的你们看来，似乎很不可思议吧？不过在那会儿，这是很平常的事。

父亲介绍我去了大阪的一家店铺当伙计。母亲送我到当时刚建成的纪之川车站，让我独自一人搭火车去。她很担心，哭着拜托邻座的人："这孩子自己一个人到大阪去，路上还请您多关照啊。"

看着母亲悲伤的神情，我很难过，但生来第一次坐火车的新鲜感又让我兴奋不已。总之，当时的心情很复杂，可以说是悲喜交加。那是我人生的第一次真正意义上的离别，因此，直到现在我还清楚地记得那个日子——11 月 23 日，我十岁生日的四天前。

不久，火车启动了，不断变化的沿途风景吸引了我的注意力，很快就让我忘掉了离开母亲的悲伤。到了大阪的难波车站，我兴冲冲地下了车，首先映入眼帘的是一排排人力车——它们是我对大阪的第一印象。随后，我来到了船场[1]的火盆店，就这样开始了自己的打工生涯。九岁，一个人离家外出当伙计——现在大家可能觉得难以置信，但在六十年前，这样的事一点儿都不稀奇。那个时候，我虽然年龄小，但年龄小有年龄小的事情可做，我当时的工作就是给人带小孩。

刚开始，每天晚上睡觉时，我都忍不住哭得稀里哗啦的。我在家排行最小，之前一直是母亲抱着我睡觉的。现在忽然跑到大阪来当伙计，一个人睡在火盆店的二楼，每到晚上自然就格外想念母亲温暖的怀抱。就这样大约过了两个星期，眼泪都流干了。有一天，店铺老板让我过去一下——我到现在都清楚地记得，那天是 12 月 15 日——他递给我 5 钱白铜币，说："给，这是你的工钱。"

我吓了一跳。在那之前，我每次向父母要零花钱时，他们都会给我 1 文钱的开孔铜币。1 文钱能买两颗糖——这是我下午的点心。而 5 钱白铜币（相当于 50 枚 1 文钱铜币），我是从来没见过的。我没想到自己竟然能拿这么多工钱。这笔对当时的我而言堪称"巨款"的工钱是我人生的第一

---

[1] 船场：位于大阪中心，是商业和金融的中心区域，自古以"经商者之圣地"而闻名。

桶金。晚上睡觉前，我都会拿出来数一数，然后压在枕头下，半夜醒来再去摸一摸，确认还在才能继续安心入睡。

人的欲望真是不可思议的东西。自从领到 5 钱白铜币之后，我就没怎么哭鼻子了。我想要赚更多的钱，这个欲望让我逐渐淡忘了离家的痛苦。因此，除了带小孩，我还兼做打杂——擦火盆。那是一种带木框的火盆，需要先用砂纸磨，再用木贼草擦，非常费劲。

冬天时，我的手被磨破了，伤口又红又肿，早上擦地板时水渗进伤口，那种痛对于一个十岁的孩子来说，似乎有些残忍。不过，对于在贫困中长大的我来说，这些活儿都不算什么。

当时，有位一起干活的大哥总是满口怨言，不是伙食差就是活儿太重，但我从不抱怨。因为我知道，想要赚更多的钱，就必须拼命干活，而抱怨，只会浪费我的时间，消磨我的斗志。那时虽然小，但我已有了这样的觉悟，这对我以后的成长有着重要的意义。

在火盆店当了三个月的伙计后，因为老板决定转行，就把我介绍给了同在船场开自行车店的朋友："小幸吉就交给你啦。"——我在火盆店当伙计时，他们都管我叫"小幸吉"。

在苦难中坚强

　　我转到自行车店继续当伙计，前后大约做了六年。这家店主要经营自行车销售和修理业务。那时自行车可是个很稀罕的玩意儿，刚开始普及，价格也不便宜。

　　那六年，我平时完全没有休息日，夏天5点钟就要起床，冬天则可以多睡半小时，5点半再起床，一年只放两次假——过年和盂兰盆节[1]。不过，因为当时这是常态，周围人也都这样，所以没有人觉得这是不合理的。我也认为这是理所当然的。我每天早早起来打扫店铺、洒水、修理自行车，

[1] 盂兰盆节：农历七月十五日前后举行的祭祀祖先的佛教仪式。

倒也不觉得有多苦多累。

时隔将近六十年后的今天，每年春季，新学期开始，从小学生到大学生，一个个都穿着新衣服，顶着带有闪闪发亮的校徽的帽子，兴高采烈地向学校走去——每当我看见这样的情形，就会忽然想起自己当伙计的日子。

对于小学中途辍学去当伙计的我而言，"学校""学生"这样的词汇有着巨大的吸引力。自行车店对面的那户人家有个和我一般大的男孩——冬天的早上，当我一边向冻得通红的手呵着气，一边用扫帚和冷水清扫店门口时，对面的男孩扔下一句"我走啦！"就兴冲冲地上学去了。我停下来，看着他开心的背影，不由得轻轻叹了口气，心中的羡慕之情无以言表，"想去上学"的愿望在我心中就像一团火，变得无比强烈，烧得我很难受。每每这种时候，我就会安慰自己："我和他身份不同，再怎么想也是没用的。唉，死了这条心吧。"然后用冰冷刺骨的水把抹布洗净、拧干，继续干自己的活儿。与其漫无边际地空想，不如实实在在地擦地，至少后者能领工钱。就是这种朴素的想法，支撑着我一直脚踏实地地工作。

后来我对电器产生了兴趣，就进了一家电灯公司当实习工，逐渐成为一名合格的电工。结婚后，我决定自己创业，生产电器。在这个过程中，我算是饱尝了人间的辛酸，但回过头去想想，当伙计的那六年是非常宝贵的，尽管那六年我一直重复地干着几乎没有多少技术含量的活儿，但我很清楚，那就是我的工作，是需要我认真对待、努力实践的工作。这个觉悟影响了我一生，让我无论做什么，都能百分百地去投入、去实践，而不是空想或者抱怨。

还有一点令我受益终生，那就是，我隐隐约约懂得了事物的价值。例如一张纸，倘若没有认真思考的话，往往会随便扔掉，毫不吝惜。但是，即便寻常如一张纸，只要考虑一下其中隐含的价值，我想很多人也不会随便扔掉的。俗话说："每一颗米都凝聚了天地之恩。"也是一样的道理。

然而，如果没有相关的实践经验，就算我们诵念一百万次，也很难真正懂得一颗米的价值。由此，我又想到，从某种意义上来说，获得某种经验，比思考本身更具价值。

糖是甜的，盐是咸的——这谁都知道，但并不是仅仅通过讨论、思考就能知道。想知道甜、咸的滋味，首先要自己尝一尝。"体验"的重要性就在这里。就算一个人每天都去上游泳课，上了很多年，对游泳的要领掌握得也很到位，但是，他从来没有下水实践过。那么，当把他丢进水里时，估计仍然会"咕咚咕咚"地灌一肚子水吧。当今社会，像这样缺乏实际体验而空发议论的人实在是太多了。我认为，无论从事什么职业，都不能脱离实践体验，包括搞研究。

每年春暖花开的时节，学生们换上新衣服，精神焕发，令人欣慰；与此同时，毕业离校的大学生们背上行囊，各奔前程。每每见此情景，我总是忍不住想：加油吧，年轻人！你们将遇到各种未知的、严峻的考验，希望你们坚定步伐，不妥协、不气馁，在苦难中坚强，在奋斗中收获，在每一分脚踏实地的努力中让青春大放光彩。

从 100% 到 150%

小说家山崎丰子描绘大阪女人的魄力时这样写道：

在顺境中发挥出100%的能力是很正常的，而在逆境中，或许只能发挥出70%、60%。但是，我要发挥到120%甚至150%——这就是魄力！

事实上，这里说的不仅是大阪女人，也是大阪商人自古以来的特质。

从前的武士为什么厉害？因为他们从小就接受了常人难以想象的严格训练。我在店里当伙计值夜班时经常看书，记得有一个关于德川光圀[1]的故事。他从七八岁就开始接受武士的训练，有一次，他正在听大人们讲各种怪谈，父亲德川赖房突然对他说："你现在去某某刑场，把挂在那里的人头取回来！"光圀的回答干脆而坚定："遵命！"随即独自一人消失在黑夜中，并且很快就把人头取回来了。在这样的训练下成长起来的他，在关键时刻也能处乱不惊、坦然自若。

大阪船场的人们在经商方面也进行过类似的训练，所以即使遇上经济不景气，也不会惊慌失措，而是将其当作一次极好的机会，充分发挥从小训练的得来的技能，迎难而上。而那些缺乏魄力的人，遇事则往往悲观、焦虑，三两下就被击垮了。

这种魄力，需要从小教育培养，并且通过环境不断熏陶，逐渐成为常态，而非一朝一夕就能完成的。

我在大阪当伙计的那几年很辛苦，后来自己创业了更辛苦，但正是这种种磨练，让我的身体和意志都得到了锻炼。

从前去船场的店铺里当伙计是需要各种条件的，并没

---

[1] 德川光圀（1628～1701）：日本江户时期的大名，水户藩第二代藩主，故又称"水户黄门"，其祖父是江户幕府的开创者德川家康。

有想象的那么容易，例如要有人介绍、推荐，或者是有过
人的资质等。可以夸张一点儿讲，天下所有能人都汇集于此，
而经过与众不同的训练，最后走出来的商人一个个都魄力
非凡。

1979 年，松下幸之助斥资 17 亿日元（约合 4.17 亿人民
币）创办了松下政经塾，采用古典的方式培养人才。

于细微处磨炼功夫

　　我从九岁开始就在船场的店铺里度过了我的少年时期，虽然没能如愿去上学，但通过那六年的积累，我得到了在学校里无法获得的教育——成为一名商人必需的基础知识、态度和基本要领。

　　举个例子。我十三岁时——大概相当于现在的初中二年级——成功地卖出了一辆自行车。那个时候汽车还没有普及，自行车在当时就相当于今天的汽车。当然，我不是来炫耀的，我只是想和大家分享一下自己通过卖自行车这件事所学到的东西。

　　当时，船场里有一家很大的蚊帐批发店。一天，那边打电话来说想买辆自行车，但是掌柜不在，让我们先送一辆过去看看。老板就对我说："具体的生意等对方掌柜来了再谈，你先把自行车送过去吧。"

在送自行车的路上，我冒出一个念头：我要自己把这辆自行车卖出去。

到了蚊帐店，见到店老板，我先是礼貌地说："我把自行车送过来了。"然后拼命向他介绍起自行车的用途来。店老板大概觉得我有意思，就说："你这小孩还挺热心的嘛。好嘞，那我就买了吧，不过要给我打九折啊。"

我欣喜若狂，"不能打折"的话自然说不出口，于是，我答应说："好的，我回去告诉我的老板就行。"然后一路得意地扛着自行车回到了店里。

首次出战，年幼的我难免求胜心切。回去后，我就迫不及待地告诉老板："已经卖掉了。他们同意买啦。"

老板有些意外："是吗？不错嘛！卖了多少钱？"

我据实汇报说："他们让我打九折，我就给打了九折。"

老板的脸色猛然暗了下来，他责怪道："他们说打九折，你就打九折啊？怎么能一下子就松口呢？"他的意思是谈生意需要讲些技巧。他又告诉我，就算我同意打九折，也不能立刻就答应，而是得先说打九八折、九五折、九三折。

末了，他让我再去一趟蚊帐店，就说只能打九五折，不能更便宜了。

假如我按老板吩咐再去一趟的话，结果会怎么样，我也不知道，总之当时我没去。本来自己卖出了一辆自行车，正满心欢喜呢，老板却让我回去抬价，我实在感到为难，躲在店铺的角落里哭了起来。

老板说："这样可做不成生意，你必须再去一趟。"

我都已经答应别人了，出尔反尔的话，我说不出口。事情就这样僵住了。碰巧，那家蚊帐店的掌柜过来了，说："不好意思，我来晚了。老板让我问问，自行车能给我们打九折吗？"

我的老板向他说明原委："其实幸吉从你们那里回来就一直哭嚷着说要给你们打九折。这不，我正骂他来着呢。这小鬼，怎么胳膊肘往外拐呢！"

掌柜回去大概把事情告诉了蚊帐店老板，总之，他们的老板同意按照九五折买了。

于是，我把那辆自行车拾掇一番后，又给送了过去。蚊帐店老板对我说："听说你家老板不同意打九折，你就哭着求他？小小年纪，还挺讲信用啊。这样吧，只要我这店还在，你们店也在，我需要自行车就跟你买吧，就当是看在你的面子上啦。"

　　之后的两三年，我一直在自行车店当伙计，而那位蚊帐店老板也确实都在我那儿买的自行车。

　　类似的事情还有很多，就是在这样的磨炼中，我渐渐领会了经商的秘诀，以及一个商人应有的言行举止。

　　例如，有时老板会让我去他的朋友家或是客户那里，临走时，老板娘就会叮嘱我："去别人家里，首先要打招呼，不能闷声不吭，这是最基本的礼貌。"

　　就这样，从鞠躬行礼到进出家门的动作要领，我都一一记住了。去了老板指定的地方以后，我也会认真记下对方交代的事情，回来据实传达给老板。通过耳濡目染和亲身实践，我逐渐掌握了作为一名商人应该有的态度和言行。直到现在，我都很感谢当时学习的那些烦琐而复杂的规矩。我后来之所以更容易得到别人的信任，和在船场的学习有着莫大的关系。

　　六年里，除了每年过年和盂兰盆节两次假期之外，其余时间都要工作，但我并不觉得辛苦，反而有一种期待感——上床睡觉时，心里暗暗算着：再过三个月就过年啦！

于是心情就变得格外好。我还经常梦见过新年的情景。

　　诚然，和现在相比，当时生活之艰苦是不言而喻的，现在的年轻人或许都理解不了。但我认为，那种对待生活的劲头、对待工作的魄力，即使放到今天也是值得尊重的。

part 2

不管结果如何

先努力了再说

逆境能锻炼一个人，也能摧毁一个人。勇敢
的人，把逆境当考验，始终保持热情，紧咬
牙关，一步一个脚印，走得艰难却也坚实。
懦弱的人，总在试图寻找捷径，或梦想不劳
而获，唯独不敢直面困难，甚至走上犯罪的
道路。

付出要配得上期望

　　我有生以来第一次乘坐火车，是九岁那年，也就是自己一个人去大阪的时候。在难波车站前，一排排的人力车，我看得目瞪口呆。十年后，汽车仍没有出现，车站前也仍排着许多等待拉客的人力车。年幼时，我惊讶的只是居然有这么多人力车，而长大后，我却因为一件事而对一位车夫肃然起敬。

　　那天，我看到一名乘客下了一辆人力车，然后递给车夫20钱。当时的车费是15钱左右，乘客转身就要走。

　　那车夫二十四五岁的样子。他连忙拉住乘客的衣袖说：

"请等一下，我给您找钱。"

乘客说："不用找了，给你吧。"

在当时，乘客给小费的事时有发生，大多数车夫都会高高兴兴地收下。然而那位车夫却一脸严肃地说："这钱我不能收，请拿去。"

"给你吧。"

"不，不用。我不能收，请您拿回去。"

……

两人在那儿推来推去，最后还是乘客收回了那 5 钱找零才算完事。

听说那个车夫后来混出了名堂，不过这是后话，反正当时他那种态度使我深受感动。算起来，这事距今 [1] 已经有五十年了。俗话说，一分耕耘一分收获，出 15 钱的力气，就收 15 钱的报酬——这种工作态度的背后，是内心的充实、强大和正直。而现在有很多人，总是抱怨付出多而回报少，我想问：你的付出，真的撑得起你所期望的回报吗？

后来我进了大阪电灯公司，也就是现在的关西电力公

---

[1] 指距离 1966 年已经有五十年。

司。我当时比你们现在参加成人礼 [1] 的年纪还小四五岁。我时常想起那个车夫，也时常告诫自己，无论是工作还是生活，都要像他一样脚踏实地。

　　工作一阵子后，我辞职开始自己做生意。起初，我开了个小工厂，做的是小买卖。和大多数创业者一样，在资金上、人员配备上、制度管理上，我都遇到了困难，情况一度十分糟糕。庆幸的是，那时我年轻，什么都不怕。而且我始终相信，自己没有获得预期的回报，不是上天不公、社会不公，而是付出还没能撑起自己的期望。所以，即使在最低潮的时候，我也一直坚持"脚踏实地"的经营方针，渐渐获得了合作者和消费者的信任。

　　如今已经五十多年过去了，承蒙各方朋友的支持，我的事业也算是蒸蒸日上。我想，这正是大家对我"从不谋取不当利益、脚踏实地地经营"的认可。当然，这也要归功于那位年轻的车夫，是他的品质一直激励着我。

　　各位读者，你现在正从事什么工作呢？或许有人还在

---

[1] 成人礼：日本法律规定满 20 岁即为成年人。各地政府会为年满 20 岁的年轻人举行庆祝仪式。

上学吧？年轻的时候，我们对自己总是充满信心，我们会拍着胸膛保证将来绝对不会唯利是图，不会投机取巧，不会谋取意外之财……然而当我们真正深陷窘境，是否还能如当初自己许诺的那样光明磊落、正直勇敢？

逆境能锻炼一个人，也能摧毁一个人。勇敢的人，把逆境当考验，始终保持热情，紧咬牙关，一步一个脚印，走得艰难却也坚实。懦弱的人，总在试图寻找捷径，或梦想不劳而获，唯独不敢直面困难，甚至走上犯罪的道路。

各位即将或者已经走上工作岗位，我希望你们始终坚持初心，越是遇到复杂的局面，就越要时时回顾当初那个血气方刚、热情澎湃的自己。你要相信，困境是暂时的，付出和回报是守恒的，你所得的回报之所以没有达到你的期望，是因为自己的付出还不够多。

意外发现的天堂

我经常听一些年轻人说羡慕别人的工作：在生产流水线上的工人羡慕坐在办公室里吹着空调画着图纸的设计师；昼夜倒班的人则羡慕那些每天按部就班、朝九晚五上下班的人；而按部就班的人又羡慕那些旅行摄影师，觉得他们的工作真是又精彩又有趣……总之，无论别人做什么，好像都比自己正在做的工作更好、更有意义。

真的是这样吗？在寒冷的冬天，我们总是盼着天气快些转暖，觉得夏天好；然而当酷暑来临，我们又会觉得夏天真讨厌。你一定也有这种感觉吧？其实，冬天和夏天既各有不足，也各有妙处，只不过很多人都习惯地认为，眼前得不到的永远是最好的。

　　究竟怎样才能始终保持干劲十足？在大阪电灯公司工作三个月后，因为很快就掌握了工作技能，我从一个实习工变成了正式工。这就意味着，我是一名施工人员，必须独立完成工程。

　　电路施工是个辛苦活儿。只要接到任务，不管什么天气，不管现场有多脏、多危险，都必须立刻开工。我常常在呼啸的寒风中爬上电线杆，或是在炎炎烈日下爬上屋顶。那时我刚十六岁。

　　一个炽热的夏日，我被派往大阪下寺町安装电灯。那时的下寺町，有着两三百年历史的古寺鳞次栉比。我的任务就是给这些古寺安装电灯——那时电灯开始普及了。我到了其中一座古寺，要在正殿中间装电灯。

　　想必大家都见过古寺的正殿，天花板比一般的楼房高，阁楼上又闷又热，要在上面铺设电线，难度可想而知。我掀开天花板，里面一团漆黑，而且一股热浪扑面而来——那是房顶被暴晒造成的。加上常年无人打扫，我一走动，就看见烛火周围的灰尘回旋飞舞。你们可以想象，两百多年的古寺，阁楼顶上得堆积多少灰尘啊！少说得有 3 厘米厚，被夏天的热气烘得干巴巴的，一脚踩上去，发出"噗噗"的声响。昏暗、高温、空气不流通，工作环境之恶劣，即使我现在回想起来，也觉得不可思议。

好在，当时年轻的我有着一股子劲儿，而且对铺设电线很感兴趣，因此一干起活来就全神贯注，把灰尘、汗水、憋闷全都抛在脑后了，自然也感觉不到辛苦。

我花了一个多小时才铺完电线，当我从阁楼顶钻出来的瞬间，感觉到一种无法形容的凉爽和畅快——就像忽然从地狱升到天堂一般。那是一次宝贵的经历，那种欣喜的感觉令我终生难忘。

试想一下，如果当时一味抱怨怨阁楼顶又脏又热，人难免会变得烦躁，工作自然也做不好，还有可能要返工。而且，如果是抱着那种完成任务的心态，那么从阁楼出来的时候，一定也无法感觉到外面的好。

大家一定也有过类似的经历吧？口渴时的一杯水、饥饿时的一碗饭、困倦时的一张床、失落时的一个拥抱——平时我们不以为意的很多事物，在需要的时候出现，是怎样的一种惊喜啊！工作更是如此，只有吃过苦、受过累，在完成的那一刻，才能更切身地体会到曾经被忽略的幸福。

　　年轻人，作为前辈，我要告诉你们，无论怎么辛苦，只要专注、认真地做好自己该做的事情，就能够暂时忘掉周围的严寒酷暑，忘掉一切的苦和累，高效地完成工作。这样，身心都会有所收获。无论是生活还是工作，这种姿态都是非常重要的。

真正的专家姿态

　　无论做什么工作，都必须拼命努力——关于这一点，我会在本书中反复提及。在此，先说一件让我深感佩服的事吧。

　　美国有一家经济周刊叫《商业周刊》（*Business Week*）。早在七八年前，有一次，他们提出想给我拍张照片登在杂志上，我同意了。我选了个自己刚好在东京的时间，让对方下午1点来我公司的展览室——当时公司位于东京车站的八重洲出口。

　　当天下午1点，我如约来到展览室时，那位外国摄影师已经等在那里了，身边还带了个日本助手。一问之下，我才知道他一个半小时前就已经到了，在那儿研究各种拍摄位置，细心地布置背景和道具。等我到达的时候，一切已经准备就绪。

我有点儿惊讶。预定拍摄时间是一小时，需要刊登的照片只有一张，所以我猜，大概拍个两三张就完事了吧。事实证明，我想得太简单了。

因而，当他举起照相机开始按快门时，我被深深地震撼到了。

短短的一个小时，他拍了一百二三十张照片，黑白和彩色的都有。一小时拍这么多，仔细算起来，每张还不到三十秒。而且，他不光是举着照相机按快门而已，在拍摄彩色照片时，他还会把背景换成黄色或白色等各种颜色，还不时提示我："稍看侧面""看这边""说话""笑一笑"……与此同时，他以闪电一般的速度"咔嚓""咔嚓"地按下快门，动作快得根本看不清楚。

他这么卖力，难道不累吗？虽然之前也有很多人为我拍过照片，但我从没试过一次拍这么多张，而且速度这么快，实在令人佩服。

拍摄工作告一段落后，我请他喝茶，算是慰劳他。其间，他跟我聊了很多。

原来他并不是《商业周刊》的摄影记者，而是通讯社的摄影专家，接到《时代周刊》（*Time*）、《生活》（*Life*）等一流杂志社的委托后，就按对方要求走访世界各地，拍摄照片发送回去。

他若无其事地说，通讯社的特派员经常跑遍世界各地，几天前，他还在战场上冒着枪林弹雨进行拍摄——当时，有一颗炮弹在附近爆炸，就在刹那间，他抱着照相机连滚带爬地躲进战壕里——完成这九死一生的工作后，他才来到日本。

我想：这就是所谓专家了。专家可真了不起。不这么拼命，就无法成为真正的专家。无论哪个行业，要以专家自居的话，就必须如此吧。

你大概已经意识到了，这位摄影师为了准确无误、最大限度地利用这预定的一个小时，竟提前一个半小时做好准备，然后专注而迅速地投入工作——这种拼劲，其实和他在战场上冒死拍摄没什么两样，都是一种拼命的工作态度。如果没有这股拼劲，在美国是混不下去的。和日本相比，美国的人均生产量要高出 10 倍，收入也高 10 倍——其原因一定就在这里吧。

从这位摄影师身上，可谓获益良多。想要认真地完成工作，就必须让自己做好准备，努力工作并不仅仅是在正式工作时，前期的准备也非常重要，只有这样才能让自己真正地投入到工作中，才会让我们离专家这个目标越来越近。因此，年轻人，不要忽略准备时间，那是工作取胜的关键一环。

胜负只在瞬间

　　说完那位令人钦佩的外国摄影师后，接下来说一下我对相扑比赛的感悟吧。大家应该都在现场或电视上看过相扑比赛。我其实不是特别喜欢，但偶尔在电视上看到时，还是会觉得：相扑真好。

　　要是有人追问：相扑到底好在哪里呢？那可有点儿难回答。非要说的话，我觉得：在相扑比赛中，充盈着力与力间的相互碰撞，于瞬间决出胜负——我喜欢的正是这一点。

　　对相扑选手来说，站起来交手时非常重要，须调整好气息，在比赛开始瞬间就抢先进入自己擅长的姿势。能否做到这一点，往往成了决定胜负的关键。即便是身为横纲、大关[1]的选手，一旦被对方抢得先机，自己就会落入下风，穷于招架，使得比赛最终以遗憾告终。这样的例子屡见不鲜。我想：这似乎象征着人无论做什么事都需具备的、或应极力避免的因素，这也正是相扑的妙趣之一吧。

而且，为了这一瞬间的胜负，相扑选手们每天一大早就起来训练。经过反复磨炼后，走上赛场，在那一瞬间，把训练成果完全展现出来。这与樱花经过严酷的寒冬，终于等到春天，一下子全部盛开，随即凋零的情形多么相似啊。我们把樱花尊为"国花"，把相扑当作"国技"。若抛开理论层面，你就会发现：这两者之间的共同点是和日本人的国民性相契合的。

然而，相扑训练是很苦的。在电视上看到相关介绍后，我才发现相扑选手训练之苦超出了我的想象。其精神动力也许源自一种毕生投身此道的决心，或者说是执着的信念。然而，为了一瞬间的胜负——甚至是取决于瞬间运气的胜负，相扑选手们竟能坚持进行如此认真而激烈的训练，这一定是因为他们清楚地认识到：刻苦训练的结果，将会

---

[1] "横纲"是日本相扑选手的最高级别，"大关"次之。

在赛场上、在那决定胜负的一瞬间展现出来。这一认识，是通过长年累月的经验而产生的。

人生往往不可预料。今天为一帆风顺而欢喜；明天或许就会忽发意外，因失意而悲伤。这样的例子不胜枚举。相反，有的人虽然生于逆境，却不知不觉地逐渐克服了困难，在社会上取得成功。也许在上天看来，每个人的一生都已经安排好，仿佛电车沿着轨道行驶。然而，你我却一无所知。对我们来说，人生就像在大雾中开车一样，需要慢慢摸索前行。

即使看不清眼前的状况，我们也要竭尽所能地去努力。所谓："尽人事，听天命。"不管做什么事，都要尽自己最大努力——这样的人生态度才是值得尊敬的，这样的人生才没有遗憾。

人在状态不佳、运气不好的时候，无论是谁，都很容易陷入悲观绝望之中。然而，关键在于，即使身处这样的逆境，也要认真地过好每一天，绝不能失去希望。我想：只要拼命努力地过好每一天，就一定会出现意想不到的转机。等不顺之时过去，自然会时来运转。所以，要像樱花等待春天一样，静静地、耐心地等待时机到来，这是很重要的。

　　当然，不能只是稀里糊涂地空等着，不能期盼天上掉馅儿饼。一想到那些为了一瞬间胜负而每天刻苦训练的相扑选手，我就深有感触：对于自己的人生，我们也应该每天认真努力地度过，如此才不负自己、不负此生。

忠于自己所做之事

　　你热爱自己现在的工作吗？对于这个问题，我相信很多人都会感到犹豫。确实，学生时代，我们总是想象着将来自己会找一份喜欢的工作、领取足够的报酬、下班后还有私人时间……但真正走上工作岗位才发现，现实并不是自己想象的那样美好。有些人为了寻找适合自己的工作，不断地跳槽、转行，但不管什么工作，即便是自己最感兴趣的，一旦变成本职工作，就会和自己预想的不一样。

　　然而，不工作就无法活，这是我们生来的责任，谁也不能推卸。那么，对于自己的本职工作，应该采取什么样的心态呢？我先讲一个小故事吧。

二三十年前，我和一位朋友去拜访一位合作商。走进他的办公室，一位安静的女职员很快给我们上了茶。和我同行的朋友喝茶非常讲究，一般别人泡的茶，他只是礼貌性地喝一点儿，但那天他喝完一杯，又让人泡了一杯。很显然，他对那位女职员泡的茶很满意。谈完工作，朋友对那位合作商说："你的下属泡杯茶都如此认真，看来你训练有素啊。"

大概半年后，我又见到了那位女职员，她是代表公司来谈生意的。后来她告诉我，其实那天她是要辞职的，因为感觉每天重复同样的工作很没意思。于是，她就把那天的茶当做最后一次来泡，从水温控制到茶叶挑选，都非常细致。结果没想到，我们一走，她就被提拔了。从此以后，她无论做什么，都非常投入，因为谁也不知道，机遇是不是就在这一刻的投入之中。

我听完后非常感慨。年轻人，你们中的大部分大概也会和那位女职员一样对自己的工作产生厌烦的感觉吧？谁都会有不如意，而这种不如意，很大程度上来源于看不出成果。事实上，工作中立竿见影是很少的，这就像登山，想要看到山顶壮观的日出，就必须一步一步从山脚走起。相扑选手在台上显露身手，靠的也是台下默默无闻的努力和训练。所以，我希望大家不要急于求成，不要对自己的工作失去耐心。对待每项工作、每个细节都投入的人，收获一定不会差。

　　作为补充，我还想分享一个故事。

　　大家都知道赤穗浪人和四十七义士的故事吧？元禄时期[1]，赤穗的城主浅野内匠头因为遭到高家吉良上野介的侮辱，在松之廊下用腰刀砍伤了吉良。幕府第五代将军德川纲吉得知后非常愤怒，独断裁定浅野内匠头切腹，而吉田上野介则无罪。浅野本家的石内藏助良雄带着包括儿子在内的四十七名武士誓为城主报仇。他们谋划了许久，终于手刃吉良上野介，取其首级献于浅野坟前。

　　当时是太平盛世，武士中软弱之气盛行。因此，四十七义士为主公报仇的义举被视为武士道精神的楷模，甚至连德川幕府的官员也被感动得为他们求情。但毕竟触犯了法律，最后他们还是被判决全体剖腹自杀。

　　我想，四十七义士在决定要讨伐仇人的那一刻，其实已经下了必死的决心——无论行动是否成功，都难免一死。

---

[1] 元禄时期：1688～1704 年。

正因如此，从讨伐行动成功到最后被处死，每个人都保持着武士的礼法和气度。

也许大家会认为这是封建的忠君思想，在今天不值得提倡。我引用这个故事的目的当然不在于此，而是为了告诉大家：一个人要想获得成就，首先应该忠于自己所做之事。哪怕只是给人帮忙，也应该尽自己最大的努力去投入；哪怕明天就要换工作，也应该尽量做好今天该做的事。一幅上等字画，必定每一笔都非常讲究和细致。生活和工作也是如此，年轻人，当你全身心去投入，把每个细节都做到最好，一定会有好的结果。

part 3

就像没有明天那样去拼命

我们每天的生活，看似日复一日、平淡无澜，但若是细心，实则瞬息万变。而且，在人们的言谈之中、大自然之中，也都蕴藏着深刻的哲理，包含着许多能激发创造灵感的启示。

热情是最好的老师

　　最近，在公司的中央研究所前面建起了一尊发明大王爱迪生的铜像。老实说，我并不是特别了解他，但我也和大家一样，知道他发明了留声机、电灯、投影机等上千种东西。所谓"发明"，是指要想出原先世界上没有的东西，并把它做出来。这事儿可不简单。爱迪生竟然发明了一千多种东西，实在令人惊讶。

　　这么伟大的人物，一定是从小天资聪颖，并且受教于优秀的老师吧？但事实上恰恰相反。爱迪生小时候被老师认为是个低能儿，小学才读了三个月就被勒令退学了，当然他也没从老师那里学到什么。

但爱迪生从小就喜欢钻研——对于各种自然现象或社会现象，他并不是在一旁稀里糊涂地观望，而是要问"为什么"：为什么一定是这样的呢？为什么会变成那样呢？他为了弄清小鸟为什么能在空中飞，特意捉来小鸟，认真地研究羽毛的构造；他看见蒸汽机车停在那儿，就钻到底下去研究机械构造，不仅弄得满身是油，还被司机臭骂一顿……他就是有这么一股钻劲儿。

爱迪生之所以能够成为家喻户晓的发明大王，不仅因为他用心观察身边的事物，而且他渴望造出对社会有用的东西——正是这种热情，成就了他的伟大。他成年以后发明留声机，据说就是因为看到话筒振动板随声音振动的现象，因而受到了启发。他有着敏锐的观察力和主动进取的精神，从身边的事物和书本中找到了自己的老师。

有的人总羡慕别人有好的导师、好的环境、好的机遇，但其实这些都是次要的。如果我们满怀主动进取的精神，用心地从各种事物中钻研学习，就一定能开创出一条无限宽广的道路。也就是说，只要你有正确的态度，就能找到无数好老师。

　　我们每天的生活，看似日复一日、平淡无澜，但若是细心，实则瞬息万变。而且，在人们的言谈之中、大自然之中，也都蕴藏着深刻的哲理，包含着许多能激发创造灵感的启示。只不过，我们因为习惯，所以忽略，从而错过了很多可贵的、美好的事物。

怎样让钱更值钱

　　一个女人在东京的一家旅馆工作多年，年纪不小了，于是她想自己出来做点儿小生意，存点儿钱以安度晚年。

　　一天，她和一位在旅馆住宿的客人聊天时，顺便说了自己的想法："我打算自己开一家这样的旅馆，可惜钱还不太够。您能借给我吗？我刚好找到了一个合适的地方。这里的老板也赞同我的想法。"

　　那位客人问她现在有多少资金。女服务员说："我在这里工作了十五年，多少攒了一些钱，但要买下那里，恐怕还不够。"

　　那位客人毫不犹豫地说："攒这么多年可不容易。行，不够的钱我借给你。"

　　这则小故事是一位朋友告诉我的，我听完后深有感触。一个平凡的女人，能够在一家旅馆工作十五年，含辛茹苦地积攒起一笔钱，确实不容易。这笔钱包含了一个女人脚踏实地的辛苦、不轻言放弃的执着和始终不变的梦想。而那位答应借钱给她的客人也很了不起——他一定是被对方辛苦攒下的钱的真正价值打动了，所以才愿意伸出援手。

　　从前的老规矩是，如果常年勤勤恳恳工作的伙计找到合适的时机，老板会让他自立门户开分店。因此，与其说是在为老板做事，不如说是在为自己将来做打算。这样，做起事来自然更细致、更投入，也更有效率。

　　现在虽然这样做的人少了，但自己创业是可以的。很多雄心勃勃的年轻人正打算或者已经这么做了。真是年轻有为啊。不过，我对这些年轻人感到欣慰的同时，又不禁有点儿担心：他们会不会把事情想得太简单了？因为我所见的自主创业的年轻人当中，有不少人遇到困难都指望别人的援助。他们精神诚然可嘉，但缺乏资本——不仅仅是资金，还有长期吃苦耐劳得来的经验、阅历、技术、人脉以及咬牙坚持下去的韧劲儿。

　　有人可能会说，那个女人不也向别人求助了吗？但前提是，她已经在一个领域辛勤工作了十五年，基础创业资金也是自己流汗攒下的。试问，创业的年轻人们，你是否也有了足够的经验、堪称某个领域的专家了呢？你手头的那 100 万日元，是自己辛苦攒下的，还是从父母兄弟那里借来的呢？如果你通过自己的努力攒了 100 万，但还差一些，我相信会有人愿意解囊相助。因为自己辛苦攒下的钱和轻易借来的钱有着不同的价值，前者显然更值得尊重。

如今时代潮流变了，发展步伐快了，像那位值得尊敬的女人一样在一个岗位工作十五年的人越来越少了。尤其是年轻人，心还没有定，换公司、换行业是常有的事。但不管是十五年还是十年、五年，自己经过辛勤努力积累的财富更有价值。

不光是在金钱方面，当你遇到问题时也是一样的。自己尽可能地去研究、思考，实在不得其解了，再虚心向别人求教，这是值得尊重的。可惜很多人总是寄希望于别人，一遇到问题就向别人寻求答案："这个怎么做？""这里怎么写？"虽然助人为乐是美德，但别人也有权利拒绝帮助你，因为你根本就没有尊重对方，也不是真的虚心求教。即便别人热心回答了你，你也未必能真正学到东西，因为得来太轻易，你自然不会放在心上。

　　在人才培养方面，我始终坚持这样的理念：以一名独立经营者的姿态来守护自己的岗位。换句话说，你，就是自己所在岗位的经营者，是自己的总经理。所以，当员工遇到问题时，我会让他们自己去思考钻研，也愿意给他们时间和机会不断尝试。只有这样，他们学到的才是真正有价值的东西。

　　年轻人，现在的你们，正是精力最旺盛、思想最活跃的时候，勤思考、多探索，脚踏实地、吃苦耐劳，让自己所学、所做变得更有价值，千万不要辜负这大好时光。

努力到无能为力

要做好一项工作，需要努力到什么程度？这个问题不好回答，因为只有成果出来的时候，我们才知道自己是否足够努力，还是可以更努力。

和大家分享一件我曾遇到的小事。

那是昭和三十九年——即 1964 年的事。我和松下电器旗下的销售公司、代理商的总经理们聚会聊天时，有一位总经理向我诉苦道："最近销售业绩很不理想，一直亏损，真让人发愁。您能不能帮忙想想办法？"

这家代理商从他父亲那一辈开始就和松下电器合作，算来有四十多年了，而且信誉很好，一直是优秀代理商，

现在却告诉我说公司亏损了，同情之余，我觉得有些不可
思议。当时，日本的经济正处于困难时期，销售确实不太
好做，但作为一家有口皆碑的代理商因销售业绩不佳而亏
损，我还是感到吃惊。

于是，我对他说："你继承父业已有二十多年，现
在发展成一个拥有四五十名员工的公司了。在经济不景
气的时候，亏损本来也很正常。对了，你有过小便发红
的经历吗？"

为什么我要问这么唐突的问题？因为我忽然想起从前
当伙计时，店老板曾不止一次对我说："经商是一件很难、
很残酷的事，就像真刀真枪决斗一样。一旦碰上大问题，
就要想办法解决，以至于一连几晚都睡不着觉。担心、焦虑、
绞尽脑汁——这样就容易导致血尿，出现小便发红的症状。
也只有操劳到这种程度，才有可能想出解决办法，放下悬
着的心，看见希望的曙光。也只有这样，才能走出一条宽
阔的道路。要成为一名合格的商人，至少要有两三次小便
发红的经历。"

那位向我求助的总经理回答："没有，我还没有过这
样的经历。"

于是，我对他说了一番话："如果你的公司业绩喜人，

那自然不会小便发红了。但四十年的老字号发展到你这一代出现了经营危机，你竟然还没出现小便发红，看来你还是不够费心啊。你肩负着四五十名员工的前途，没有急白头发、急红小便，却跑来向别人求助，说什么'经营亏损，请帮忙想想办法'之类的话，显然是不可能扭转公司局面的。世界上哪有那么容易的事啊？我又不是神，说几句话，你就能转亏为盈了。作为生产厂家，我不可能把产品降价卖给你，也没有什么方法可以帮助你。我只能说，你自己想办法吧，想到小便发红的时候，一定能有所收获。"

也许我不应该对代理商说这样的话，但为了彼此的利益，我只能严肃对待。经济的不景气导致大多数公司业绩不佳，但仍有公司能够持续发展——这是老板和员工共同努力的结果，绝不是靠向专家或者权威求教得来的。

后来，我又见到了那位总经理。他对我说："多亏您的教导，现在大家的积极性都很高，公司销售业绩上去了，发展得很顺利。松下先生，请您放心吧。"

听说那天被我训了一顿之后，他痛定思痛，回到公司就立刻召集全体员工开会，把我的那番话告诉大家，并要求大家改变原先的工作态度。他自己也以身作则，亲自跑业务、走访客户、整理公司的陈列柜，甚至打扫卫生……

　　我不禁回想起四十多年前的往事。当时我新建了一所小工厂，准备迎接新年，可是没人愿意打扫员工厕所。于是，在众目睽睽下，我这个厂长亲自动手，打开水龙头、拧干抹布、带头清扫厕所……

"长"字辈的责任

　　在濒临破产时，前面所说的那位总经理洗心革面，终于带领公司重新焕发生机。通过这个例子，你一定能领悟到：不依靠别人，而是自己挺身而出，率先承担工作——这种责任意识是多么的重要。

　　将来，你也会当上"……长"的职位。那么，我们就来谈谈"长"字辈的责任吧。

　　在日本战国时期，一个国家的兴衰往往取决于将领的能力，以及责任感。一个可靠的将领能带领国家走向繁荣，而一个窝囊无能的将领则会导致国家灭亡。这样的例子实在是太多了。

　　无论哪个国家，将领手下都有行使辅佐、劝谏之职的大臣。有时候，将领想这么做，却被大臣劝阻："不，这样做不行。"但如果将领相信自己的决策是正确的，并且坚持要实行的话，他的部下应该都不敢违抗。所以，万一将领的决断有误，就很可能会搭上全体家臣的性命。

　　因此，将领，或者说领导的人，必须明白这一点。倾听部下的意见固然很重要，但既然你手里掌握着全体部下——包括他们全家人的性命，在做决断时就不能稀里糊涂地推搪说："我本来不想这么做的，是家臣让我这么做的。"我认为，下命令的责任只在将领一人。

　　作为将领——在现代，即"长"字辈的人，或者说管理者，要知道自己的责任——你的一个决策，影响着整个部门乃至公司的利益，影响着下属以及他们的家庭。因此，做任何决策，都必须深思熟虑，切忌朝令夕改。即便决策失误，也不该推搪。我时常告诫自己，也经常提醒员工们——作为老板、部长、课长，以及普通职员，都有着什么样的责任，该如何去承担各自的责任。

　　公司的兴衰成败，责任在于老板。虽然公司要靠各部门骨干等大多数人的共同努力才能发展，但说到底是由老板掌握的。老板说"往东走"，没有哪个员工会往西走吧？

所以，如果因为老板错误地命令大家"往东走"而招致失败，毋庸置疑，这个责任得由老板自己来承担。同理，一个部门的业绩好坏，部长或课长责任重大。尊重部下的意见当然重要，但最终做决定的还是领导，下属员工只是"奉命行事"。

我所知道的真正有威望的人，都是敢于主动承担责任的人。在失败、错误面前，他们会以领导者的姿态站出来，光是这份魄力，就足以让下边的人信服和追随。

那么，作为个人又有什么样的责任呢？就像我在前面所说的那样，你是自己的领导，因此，如果自己出了纰漏，也应该勇于承担责任，而不是推卸给上司、同事，或者老天。

我深切地体会到，当今社会，责任意识似乎越来越淡薄，或者说敢于承担责任的人越来越少。或许是因为生活压力大，很多人不敢冒险，但这并非长久之计。

年轻人，我希望你们能够明白自己肩上的责任，并主动承担起来，不推卸、不躲避，勇敢而坚定地向前走！

拥有一颗素直之心

作为经营者，需要具备良好的品质和心态，我认为其中最重要的，是拥有一颗素直之心，这也是一直以来我坚持实践的。

什么是素直之心？简单说，就是没有束缚的心，即不被情感、经验、偏见、利害关系等束缚，客观而真实地看待事物的心。这就像带着有色眼镜或球面镜片看东西——如果镜片是红色的，那么白纸也会被看成红色；如果镜面是凹凸的，笔直的棍子也会呈现弯曲。也就是说，当我们被一些旁的东西束缚时，就难以把握事物的真相或真实形态，从而影响判断和决策。相反，拥有素直之心，看东西时不受外物干扰，白色就是白色，笔直就是笔直，所有的东西就都能以原貌呈现。如此，我们可以少走很多弯路，降低成本和风险。

做生意要顺应天地自然之理，倾听世间大众之声，广集员工下属之智，做该做之事，就一定能够获得成功。

何为遵循天地自然之理？我认为，这就好比下雨要打伞，这是自然的；天冷了多穿点儿，这也是自然的。因为和某人赌气就不打伞，或者为了显示自己的风度冻得瑟瑟发抖也不肯多穿衣服，这就是心被某种事物所束缚。

虚心倾听顾客和员工的新生，这也是拥有素直之心的表现。那些狂妄自大、独断专行的经营者，也许在短期内能够获得成就，但绝对不可能获得永远的成功。一旦被"我是老板，必须听我的"这种心态束缚，就会错过很多好的点子和建议，也难以留住人才。没有人能仅凭自己的一点儿小聪明就获得成功。

被一时的利益蒙蔽而做出错误决策的例子并不在少数，甚至有的人因为别人几句话就摇摆不定、全盘否定自己，这都是因为没有素直之心。以素直之心看待事物，才能看清事物的真相，从而知道什么该做、什么不该做。该做的就努力去做，不该做的坚决不做，一个人的勇气、决心、判断力由此产生。与此同时，宽容之心、悲悯之心也将相伴而生，从而使得人尽其才、物尽其用，即使一时受挫，也能再次崛起。换言之，素直之心能够使人变得公正、坚强和明智。

然而要拥有一颗素直之心绝非易事，尤其是在诱惑众多的今天。人有七情六欲，有好恶，这是无法抹杀的天性，因而也更容易被人情世故和利害关系所束缚。而且，随着社会的发展，各种知识冲击着我们的大脑，各种主义和思想也应运而生，成为新的束缚。因此，心无旁骛说起来简单，做起来是非常困难的。

战国时代的武士非常信奉禅学，他们通过禅修来消除内心的杂念。这与培养素直之心是相通的。在我看来，战争是一种需要智慧和勇气的经营，而非单纯地以性命为赌注。然而战争是残酷的，武士们希望尽最大努力以一种忘我的精神去面对。

我还听人说，围棋这东西，就算没有老师的特别指导，只要能坚持下到一万盘，边下边钻研，也能达到初段水平。因此，每天都以素直之心度过，那么一万天后，即三十年后，你的素直之心不也可以达到初段水平了吗？到那时，你就能做到遇事不慌张，从而避免出现重大失误。我就是以这样的心态自我反省。

年轻人，希望你们在追逐梦想的路上，能够抽出一点儿时间来静思冥想，排除无谓的干扰，保持纯正的内心。希望你们不被五光十色的世界迷惑，不被物欲和金钱左右，能够始终不忘初心，一心一意。

part 4

改变世界前，先改变自己

一个人只有 50 分力气，却非要去做 80 分力气
的活儿，成功的希望非常小。反之，如果一个
人有 100 分力气，却只做 80 分力气的活儿，
虽然绰绰有余，但未免大材小用了。有 100 分
力气的人，至少应该去承担 95 分的工作，让
自己的能力得到最大发挥。

世上只有一个德川家康

　　这几年很多人都在看关于德川家康^[1]的书。有人向我推荐山冈庄八写的《德川家康》，说很好看，于是我就买来看。

　　我本来就很喜欢这种历史题材的读物，以前当伙计时曾一边看店一边看书，平时也会去看戏剧，对德川家康也很感兴趣。众所周知，德川家康继织田信长、丰臣秀吉之后统一了日本，为此后长达三百年的德川时代^[2]奠定了基

---

[1] 德川家康（1542～1616）：德川幕府第一任将军，江户时期的开创者。
[2] 德川时代：德川幕府统治日本的时代，时间约为1603～1867年，又称江户时期。

础，也让日本暂时进入了和平时期。

诚然，德川家康是家喻户晓的大人物，但为什么会忽然引起一股热潮呢？我想或许和当下经济不景气、生活压力大有关。德川家康能够结合实际巧妙用兵，在促使经济发展方面也取得了巨大成功，他的生活方式、经营方法、处世哲学、人格魅力，都是处在复杂的现代社会的人们所要学习的。大家抢着读关于他的书，大概就是为了获得正能量，以应对复杂多变的社会。

当然，山冈庄八的文笔确实不错，读起来津津有味。不过，我在读书的过程中发现，有些人读了德川家康后，会有意无意地模仿他，他们认为这样自己也能获得成功——这会不会是一个误区呢？

德川家康从出生到后来成就一番伟业，他的经历只是属于他自己。世上没有两片完全一样的叶子。放眼全球，现在（昭和四十一年，即 1966 年）有 30 亿人，每个人都各不相同；纵观古今，没有一个人和德川家康一模一样，当然，也没有一个人和你、我一样。所以，无论谁都不可能复制德川家康的生活方式——我觉得这就是问题所在。即使某个人处在和德川家康非常相似的境地，也一定会有不同点，比如性格、天赋等。同理，也没有人和你、我完全一样。

因此，模仿可以，但要有度，要恰到好处。我见到一个年轻人，连上班时间都在偷偷看《德川家康》，时不时蹦出几句德川家康的名言，连说话的语气都学德川家康。我实在不明白,这样自己就能变成德川家康了吗？或者说,这样离成功就近了吗？一个连本职工作都无法认真投入的人，怎么可能有所成就呢？

为了兴趣或者参考借鉴的目的而读书,这当然是好的。但如果迷失了自己，忘了自己所具有的性格和能力，以为依样画葫芦就能成功的话，那就相当危险了。这不禁让我想起了中国古代的一个小故事——有人去学习邯郸人走路，结果没学会，反而不记得自己原来怎么走路的了，只好爬着回去。

读书如此，生活和工作也是如此。别人的经验、经历，始终是别人的，我们只能有限地参考，而不能照搬照抄。年轻人，希望你认识自己的长处和不足，找到适合自己的位置，发挥自己独有的个性，只有这样，你才能变得更强、更充实，离成功也更近一步。

这么说来，"个性"，或者说"资质"的确是一个重要的问题。每个人都有自己天生的个性，后天往往难以改变，但可以通过引导和加强，突出好的方面。在这一点上，我坚持管理者应该让每个人"各得其所"，而非"一刀切"。只有让员工充分发挥自己的个性，扬长避短，才能最大限度地创造价值，实现人生价值和社会价值。

举个浅显的例子。桥幸夫 [1] 是一位很红的歌手，既有名又有钱。很多人都梦想着像他一样受人追捧、有高收入，但如果本身不具备当歌手的潜力，例如，没有好的嗓音、没有舞台感等，恐怕梦想就是空想。我就很清楚自己永远也不可能比他唱得好，但我知道，我在其他某些方面比他强，比如经商。因此，与其汲汲营营要成为歌手，不如发挥自己的强项，做一名成功的商人。

让爱吃寿司的人吃寿司，让爱喝酒的人喝酒；让擅长游泳的人游泳，让擅长写作的人写作……每个人都各得其所，不是很好吗？我认为，要实现个人发展、公司发展乃至国家发展，需要每个人都充分发挥自己的个性。

---

[1] 桥幸夫（1943 年 5 月 3 日～）：日本著名歌手、演员、制作人。

要野心，也要能力

　　和德川家康一样，织田信长[1]也是大人物。他有一个部下叫明智光秀[2]，有能力、有野心，但却逼得主公自杀，因为他没有考虑到织田信长的个性，贸然发动本能寺兵变，在形势逼迫下意欲篡夺信长之位，结果信长自杀了，兵变失败了。而丰臣秀吉[3]则十分了解织田信长的脾气，顺应

---

[1] 织田信长（1534～1582）：日本战国时期的武将，推翻室町幕府，为统一日本奠定了基础。
[2] 明智光秀（1528～1582）：日本战国时期的武将，是织田信长的得力部下，后发动"本能寺兵变"，逼迫织田信长自杀。
[3] 丰臣秀吉（1537～1598）：日本战国时期的武将，因侍奉织田信长而崛起，平定各地战乱，统一日本。

而行，而且还助长了其个性。丰臣秀吉知道，这才是自己的安身立命之道，结果反而成就了一番大事业。

我举这个例子的主要目的不是要大家一味揣摩领导者的心思，而是要告诉大家，一个人认识自己所处的位置很重要，认清自己的能力很重要。在职场中，我们经常听到诸如此类的话："这么做的话老板会给我加工资吧？""如果能坐上那个位子该多好啊！"但我不得不说，即使有些人真的梦寐以求升职加薪了，也未必能够心安理得，因为能力有限，配不上职位和工资。

我认识一位在某公司很有能力的骨干成员，因为表现出色，另一家公司邀请他去当总经理。他有些犹豫不决，于是找朋友商量。朋友当然说："哇，你要当总经理了？太好啦！我也可以沾沾光。"

他本来就很想当这个总经理，加上朋友的"鼓励"，于是兴冲冲地走马上任了。自然，这是好事，应该庆祝。

可惜也就一两年的工夫，他就陷入了非常尴尬的境地——由于经营管理不善，公司不得不全面缩小规模。而相比之下，同行的其他公司却都发展得很好，甚至可以说是一派繁荣。作为总经理，他被追究经营责任，最终被迫辞职。

当初意气风发去上任，后来灰头土脸被赶下总经理的宝座，个中心酸，恐怕只有他自己最清楚。我见到他时，他感慨道："要是我当时继续留在原来的公司当一名骨干，现在也不会这么惨吧。可惜，当初我根本就没想过自己有没有当总经理的能力。不得不承认，我并不适合当总经理。虽然'总经理'听上去很有派头，收入也很可观，但需要承担的责任和风险也更大。归根结底，还是我对自己的认识不够。"

这位失败的总经理是值得尊敬的，因为他能够从失败中反思，而我相信，一个懂得反思的人，往往会获得另一种成功。

很多时候，我们失败，不是因为野心不够，而是因为能力不足以撑起野心，等待我们的只有无情的挫败。

可见，正确评估自己的能力是一件多么重要的事啊。一个人只有 50 分力气，却非要去做 80 分力气的活儿，成功的希望非常小。反之，如果一个人有 100 分力气，却只做 80 分力气的活儿，虽然绰绰有余，但未免大材小用了。有 100 分力气的人，至少应该去承担 95 分的工作，让自己的能力得到最大发挥。

每个人都应该不时对自己当前的能力进行评估和再认识，选择合适自己的舞台。同时，也要不断提升和充实，让自己的能力配得上更大的野心。而作为管理者，除了对自己进行评估，也要适时对下属员工进行评估，必要时为其调整工作内容和岗位，这样既能帮助他们实现个人价值，又能促进公司的发展。

能力和野心是否匹配，也是一个严肃的教育问题。为什么很多家长对孩子抱以期望，努力栽培，却仍无法让孩子成为自己期待的那种人？因为家长的野心和孩子的能力不相匹配。孩子五音不全，你非让他当音乐家；孩子讨厌文学，你非让他当作家；孩子喜欢烹饪，你非扔给他螺丝刀让他当修理工……尽管其中也有成功成名的，但我想，如果能够顺着孩子的天性和爱好加以培养、磨炼，成功的概率和程度都会更高吧，当然，收获的快乐也更多。

很多人由于环境所迫，一时无法从事自己喜欢的工作，但他们始终坚持着自己的梦想，我觉得这是非常可贵的。例如很多作家都是在业余时间坚持写作，最终写出了感动世界的伟大作品。现在的年轻人，越来越缺乏这种精神。

年轻人，我知道放在你们面前的诱惑很多，但请你务必先认清自己，知道自己喜欢什么、想要什么、适合什么，不要好高骛远，也不要被名利绑架。优秀并不在职位多高、收入多丰厚，而在你能否找到适合自己的位置，并努力把与自己能力相匹配的事情做到最好。

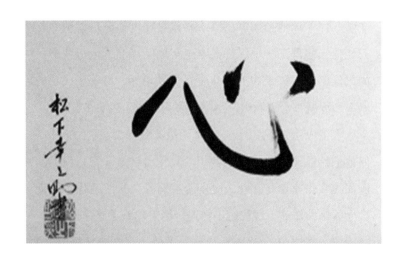

青春如何不迷茫

　　基于前述观点，我想给各位年轻人一点忠告——今后进入社会，首先必须认识自己，了解自己的天性，并顺从自己的天性。要树立起坚定的信念，在名誉和利益面前不动心。如此，无论你从事什么工作，都能够最大限度地实现自己的价值。

　　这么多年，我一直在经商。每次准备开展一项新工作时，我都会认真地问自己：这项工作适合自己吗？适合我们公司吗？我们有能力完成吗？如果经过权衡后得出的答案是肯定的，那就去做；反之，即使主观上再想做，我也不会贸然出手。因为勉为其难去做，往往难以成功；即使最后成功了，付出的代价也一定很大，得不偿失。所以，我在事业上基本没犯过什么大错。

当然，不是每一次问自己都会有答案，我也有迷茫的时候。当我摇摆不定、难以决断时，我就去询问身边比较了解自己的人："我现在很困惑，我不知道是否要开展这项业务。我想做，但是感觉能力不够，心里没有底，所以想听听您的意见。"

对方是我的前辈，和我也没有生意上的利益关系。他对我说："不要做。你现在的发展势头很好，应该使原有的业务更加稳定和成熟，扩大业务只会分散精力。"

听前辈这么一说，我打消了原来的念头。但有时，我仍心有不甘，于是又跑去问其他人。如果得到的答案是一样的，那就说明我确实需要再等一等。

你们也一样。如果遇到自己拿捏不准的事，与其一个人纠结迷茫，不如向有经验、有见识的人虚心请教，再结合自己的实际情况，一定会有所收获。当然，不要一遇到事就问别人，从而失去了自我分析、自我判断的能力。

或许在你们年轻人看来，我过于谨慎。但正是这份谨慎，让我走到了今天。我也很欣赏那些大胆的人，但这和草率是两码事。真正有作为的人，除了有胆量，还要有智慧。

我常听年轻人说："如果不趁着年轻去闯一闯、拼一拼，难道要等到老了再来做这些事吗？""我们本来就一无所有，有什么可怕的！"在他们看来，为了自己所谓的理想，就可以丢掉其他一切，包括父母的期待、多年的教育、养活自己和家人的工作，甚至人之为人的素养。

诚然，年轻就是资本，就是不怕跌倒的勇气，但年轻就可以草率了吗？年轻就可以为所欲为了吗？我希望你们在做一项重大决定之前，务必认真权衡，而不是以年轻为借口贸然选择，那是对宝贵青春的浪费，也是对人生的不负责。

有些东西是装不出来的

有一件小事，是我亲身经历的。那是 60 年代的一个夏日，我去拜访一位朋友，因为他临时有事，我便在大厦的花园里找了张长椅，一边看报纸一边等他。

不一会儿，一位年轻的妈妈带着一个小男孩在旁边的长椅上坐下。她衣着讲究、妆容靓丽，在喂小男孩吃三明治——从他们后来的谈话中，我得知这是一对母子。小男孩的嘴角沾了酱，母亲从包里拿出纸巾，小心翼翼地替他擦去。看得出，她是一位非常耐心的妈妈。然而，接下来的一幕令我十分诧异——她把用过的纸巾直接丢到了地上！这一粗鲁的举动和她光鲜的外表以及优雅的举止形成了鲜明的对比。

小男孩提出了抗议："妈妈，老师说不能随地丢垃圾。"说着，他跳下长椅去捡垃圾。

不料，母亲拉住他道："这种事交给清洁工就行啦。看，清洁工不是走过来了吗？"

头发花白的清洁工默默地把纸巾扫掉了。令我始料未及的是，那位年轻妈妈若无其事地又丢了一张纸巾。清洁工再次把纸巾扫进畚箕。

大概过了十分钟，一位三十来岁的男子走过来对那位年轻妈妈说："让您久等了，社长让我告诉您，您可以回去了。"

起初还是满脸笑容的年轻妈妈顿时蒙了——"不好意思，您说什么？我不是很懂。社长昨天才跟我谈过，是他让我今天来公司办理入职手续的。"

男子说："是的。社长说，您昨天的表现确实很优秀，他也很欣赏您在业务方面的能力。但是，公司更需要尊重别人，也能被别人尊重的人。而您刚才的举动，社长在楼上看得一清二楚。"

年轻妈妈有点儿慌了："我要是知道社长就在楼上，一定不会这么做的。"

男子解释道："不，我想您误会了。社长的意思是，一个人的修养不是装出来的。真正良好的修养，是无论在什么时候、无论是不是面对领导，都能自持自律。学会尊重，才能被尊重，这是公司能够得到众多合作者青睐的最重要的企业文化。顺便告诉您，刚才那位清洁工，其实是社长的父亲。"

至此，那位年轻妈妈哑然，而年幼的孩子还不知道发生了什么。

不光是修养，一个人的学识、技能、胸怀、品味、性格等，都是装不出来的。就算在特定的环境中能够蒙混一时，也不可能一直保持下去，就像前面所说的那位母亲一样。

认清现实，把握现在

在本章结尾，我想从社会发展的角度谈一谈各得其所的问题。

据说，日本的大学以及大学生的数量之多仅次于美国。日本国土狭小，天然资源匮乏，要走在世界前列，必须依靠优秀的人才。从这一点来说，确实值得欣慰。然而，如果对比一下美国和日本的大学教育模式，就会发现二者存在着巨大的差别。

在日本，考大学是很难的，但只要考上了，如无意外，学生大多能顺利毕业。对于在校学生，学校在各方面可谓操碎了心，就算学生成绩不好也尽量不让其掉队，只要在校待够一定时间就颁发毕业证书。美国的大学恰恰相反——进去比较容易，但如果没有取得规定的学分，就不让你毕业。在这样的教育模式下，美国的大学毕业生都是具备相应实力的人才。而日本的大学毕业生就良莠不齐了。

日本和美国的大学教育模式上的差异，在产业界也存在。自从进入自由经济时代以来，特别是近年受到经济低迷的影响，许多走投无路的企业相继破产。据说，美国平均每年有1万多家公司破产，令人不禁担心美国经济是否会因此崩溃。但实际正好相反——美国经济突飞猛进地向前发展。日本人也许会觉得不可思议，但只要仔细想想，就知道这一点儿也不奇怪。新产业不断涌现，落伍者一一被淘汰，合格者则被留下来。那些被淘汰的人去了哪里？很显然，要么调整姿态东山再起，要么转到其他更适合自己的领域。其结果是从整体上实现了"各得其所，各尽其才"，这就是成就美国今天的繁荣局面的原因吧。

而日本总是想方设法扶助和保护弱小企业，不让它们被淘汰。所以，和良莠不齐的大学毕业生一样，在日本的产业界，既有具备相当实力的企业，也有不得不依靠扶助才能存活的企业。

在美国，每年有一万多家企业被淘汰。但与此同时，有大致相同数量的企业正在兴起。这样，在整体上就能够不断地向前发展。所有人都合格——这确实是最理想的状态，但在现实社会中却很难实现。

姑且不论日本模式和美国模式哪种更好，重要的是，我们在了解日本现状的同时，要清楚地认识到美国以及其他国家的发展模式，培养健全的判断力。

part 5

不曾拼命，何谈成功

只要拼命努力了，那么无论遇到什么情况，都不惊慌、不痛苦，更不会满腹牢骚。因为这就是"天命"——在"尽人事"的基础上，我们要学会接受命运的安排。

请相信拼命努力的意义

　　我始终认为，一个人如果能发挥自己所长，不囿于名利，拼命工作，努力生活，他就是成功者。那么，先来谈谈"拼命努力"的重要性。

　　从古至今，以某种形式创造出优秀成果的先贤们，一定都是经过拼命努力的。如果没有这种精神，就不可能留下造福后世的成果。如今我们在物质和精神上正享受着的高度文明的生活，需要归功于这些拼命努力的先贤。即便在今天，"拼命努力"的人也不少，例如从事太空火箭实验的宇航员，那可是绝对的"拼命"，因为每次飞行、登月，都无法保证 100% 的安全。我对他们心怀钦佩和感恩。

然而，一个不好的现象是，在当今日本社会，有一种轻视努力工作的风气正越来越盛行。那些拼命努力的人往往受到嘲讽："这家伙怎么这么喜欢出风头？""这么拼命干吗？反正都拿一样的工资。"我敢说，喜欢说这种话的人，一辈子也就这样了。他们自己不愿意拼命努力，还非要拉别人下水，真的是一点儿也不厚道啊。而那些不理会嘲讽挖苦、坚守内心的人，一定能走得更远、站得更高。

很多人都认为，越是努力就越吃亏。果真如此吗？几年前，我的公司来了一个年轻人，每天加班到 11 点，有时甚至在公司过夜，周末如果没有不得不去做的事，也都在加班。同部门的人如果有急事要先走，也都找他帮忙处理剩下的工作。有时候，我会劝他回去休息，他却笑着说："没事，我想趁现在多学一点儿。"也有人在背后笑他是"傻子"，但他就这样默默无闻地当了三年的"傻子"，不仅学会了本部门的工作，而且学会了不少修理机器的技能。然后在一个大项目的运营中，他因为对各个环节的操作都很熟悉，很快脱颖而出，之后顺利成了部门主管。一般而言，要从新人晋升为部门主管，没有五年的磨炼是不行的，但他只用了三年——另外那两年，也许别人都在睡觉、看电视、玩游戏、吵架……

　　年轻人，你能够问心无愧地说"我每天都在拼命努力"吗？你所谓的"拼命努力"里面，是否含有水分呢？我希望你不要嘲笑那些比你们拼命努力的人，也不要理会那些嘲笑你拼命努力的人。

　　年轻人，你要相信，你的付出都会有意义，你现在拼命，是为以后的爆发积蓄能量。而且，当一个人意识到每一分努力都有回报时，对待工作的态度也会发生改变。他不再敷衍了事、怨天尤人，而是认真研究、不断探索，内心也更加坚定。

心怀希望的人结果不会太差

在你走上工作岗位之前，你一定想象过自己将来的工作：有一张属于自己的办公桌，桌上整齐地放着文件夹、台历、咖啡杯，每天下午，你都可以喝上一杯香浓的咖啡……然而当你成为职场中人，你才发现每天忙着接电话、打印资料，还常常被训斥……这就像当我们还是小孩子的时候，就期待着长大；而当我们真的长大了，却发现很多事情和我们小时候想象的并不一样。

当现实和理想相差太远时，你会怎么做呢？立马辞职？我相信大多数人都不会傻到以为下一家公司就能符合自己的想象。那么，怎样才能接受和自己预想中不一样的工作呢？我认为，首先要充满希望。心中充满希望地去工作，就算旁人看来非常辛苦，本人也未必会这么认为；相反，如果每天都觉得工作太辛苦、太无聊，长此以往，连最初的信心都会被消磨，更别说把工作做好了。

有两个小伙子，他们既是同学，也是室友。两人毕业后进了不同的公司。第一天上班回到住所，两人交换工作感想。

第一个小伙子说："公司挺好的，虽然跟我想象的不一样，但大家都很友善，我学到了不少东西。"而第二个小伙子却说："我就没你那么好的运气啦，我进的这家公司不怎么样，环境也一般，和我想象中的差远了。"

第一个小伙子每天都风风火火地上班，兴高采烈地下班，而第二个小伙子每天说的最多的就是"好烦""累死了""真差劲""太无聊"等负面词汇。

有一次，第二个小伙子因为业务去拜访第一个小伙子所在的公司，结果傻眼了——这个在室友口中"非常棒"的公司不但规模比自己所在的公司小很多，设备也不是那么好，而他的室友正抱着一大堆资料快步走向打印机……

那天回家后，第二个小伙子说："那样的公司，真不知道你是怎么坚持下来的。"第一个小伙子回答说："我觉得很好。我每天都能学到新的知识、技能，每天都比昨天更了解自己的工作和公司，这种进步让我觉得很满足。我也会更加努力，让自己变得更加充实。"

后来，第一个小伙子被另一家公司聘去当了顾问，他提出了不少建议，使公司焕发出了前所未有的生机。而第二个小伙子不管去哪里，都觉得不满意，自然也无法定下心来好好工作。

很显然，那些充满希望的话，并不只是说给别人听的，也是说给自己听的，是一种自勉。尽管职场还是那个职场，公司还是那个公司，但你却是不一样的你。因为心中有希望，所以会努力把工作做到最好，结果自然也会越来越好。

年轻人，希望你们不要做差评师，希望你们在不完美的生活中仍然能够满怀爱心、诚意和热情。这样，无论走到哪里，你都能找准自己的位置，不断进步、不断开拓。

你的诚意，珍贵而有力量

前几天，我和一个年轻人聊天：

"你会揉肩膀吗？"

"不会。"

"你给你的父母揉过肩吗？"

"好像没有。"

"那你以后要想成功，恐怕不容易啊。"

年轻人听了我的话，一脸茫然，他大概是想不通成功和揉肩膀有什么关系吧。

我说："丰臣秀吉从年轻时起就擅长给人揉肩膀，所以后来获得了成功。"——当然，这是玩笑话。我想说的并不仅仅是揉肩膀的问题。

例如，你和课长一起连夜加班完成了一项紧急任务。你还年轻，就算长时间工作也不会觉得很累。但课长则疲态尽显，毕竟和你父母差不多年纪了嘛。

这时，如果你说一句"课长，我来帮你揉揉肩吧"会怎么样呢？课长也许会欣然接受，也许会说："谢谢，不用了。"就算他谢绝了你的好意，他也会因为你的这句话而感到宽慰的。即使课长平时不苟言笑，在那种情况下也会说上一两句慰劳的话吧，例如："我是课长，当然得负责做完。倒是让你加班到这么晚，辛苦啦。"

这种互相关心，能成为顺利完成工作、产生成果的动力。当然，我不是要你去拍马屁，而是发自内心地学会尊敬长辈，关心劳累之人，让埋在心底的真诚自然流露。而上司对年轻后辈的关爱，也令人倍感温暖。

出自真心的言行，珍贵而有力量。相反，如果别有用心、为了升迁才这么做的话，一定会被识破。这个社会没有这么容易蒙混过关，靠投机取巧不可能获得真正的成功。

或许在一些人眼里，"诚意"和"真心"已经过时了。其实这种想法大错特错。人最可贵之处，就在于尽最大努力使自己和别人过得更好。正如本章开头所说：努力使人生过得幸福，努力创造幸福的社会。我始终相信，维系人心、支撑家庭、社会的，正是这被认为过时的东西。

有些人一心想着如何出人头地，如何获得所谓的成功，却从不关怀家人、同事，也不陪伴父母、孩子。看到别人升职，就心怀妒忌、恶语中伤；看到别人陷入困境，就幸灾乐祸、拍手称快……这样的人，心胸狭隘、心灵扭曲、自私自利，即使赚了很多钱，也仍是失败者。

年轻人，希望你们能够设身处地为对方着想，互相安慰、鼓励，无论是在生活中还是在职场中，都能真诚待人。

拼命努力，剩下的只是等待

　　我有个朋友一直为儿子的婚事而操心，三年来，和他儿子相亲的女孩有三十多个，但没有一个谈成的。最近，有个亲戚介绍了个女孩，他儿子本来都已经不打算相亲了，但碍于面子，想着见见就见见吧。没想到，这次两个年轻人一拍即合，很快就把婚事定下来了。

　　你是否也曾遇到过类似的事，拼命努力、极度渴望却不得，偏偏在你不经意、甚至想要放弃时，却出现了转机？前面提到过的那位泡茶的女职员不也是这样吗？在她想要辞职时，却因为自己泡了一杯茶而得到了重用。人生就是这样充满惊喜。

　　水要烧开，需要渐渐升温，最后达到沸点；火山为了爆发的一瞬间，已在地下默默积蓄了几十万年的能量。所以，年轻人，平时多学习、多积累，不断努力进取，剩下的就交给时间吧。无论是爱情还是事业，都不是努力了就能拥有的，有时候，你需要一点儿耐心，等待一个时机。用一句古话说，就是"尽人事，听天命"。

　　"尽人事"就是要过好当下的每一刻。有人总是担心：这样做有用吗？值得吗？会有人认可吗？我认为，与其陷在这种毫无意义的担忧和焦虑中，不如全身心地投入生活和工作，把每一天都过得充实、精彩了，当机会来临时才不会错过。而那个我们无法把握的时机，就是"天命"，我们不知道它什么时候出现、以怎样的方式出现，所以只能等待。所谓的"水到渠成"，说的也是这个道理——只要条件成熟了，事情自然就能成功。

　　这些年，我每天都认真生活、努力工作，并因此感到充实和快乐。我深知人生充满变数，未来的福祸都不是自己能够掌控的，所以，不如全身心地投入当下这一刻，让自己在将来有更多的选择。

　　只要拼命努力了，那么无论遇到什么情况，都不惊慌、不痛苦，更不会满腹牢骚。因为这就是"天命"——在"尽人事"的基础上，我们要学会接受命运的安排。如愿以偿也好，事与愿违也好，这都是我们能力所不及的"天命"在起作用。

年轻人，你们也会遇到各种各样的困难和挫折，我希望你们不要悲观，不要自暴自弃，而是冷静地查找原因。只要不改初衷、坚定不移地努力，一定会出现新的曙光。

常怀感恩与敬畏之心

很多年前，我的健康出了点儿问题，每天混混沌沌、疲惫不堪，身心都忍受着煎熬。

有一天，我遇到了一位老朋友，和他说起自己的状况，老朋友说："你这是抑郁症吧！"

我当时一头雾水，问道："那究竟是什么原因呢？"

朋友说："原因就是感觉不到生活的乐趣，不懂得感恩。在我看来，你是多么幸运啊，可是很显然，现在的美好生活似乎并没有让你感到满足。你没有意识到，我们享受着的一切——空气、阳光、水，都是大自然的恩赐。你感到孤独，感到抑郁，是因为你对自己所拥有的一切无动于衷。反过来说，假如你深知这个道理，心怀感恩，就会发现世界是这么的美好；即使偶然遇到烦恼，也能淡然处之、满怀希望。"

朋友的这番话让我豁然开朗。确实，我虽然有时会对自己的成就感到满足，但却从未有过感恩之心。大自然是多么大方啊，为我们提供了源源不断的空气、阳光和水，而我却为了一点儿小事闷闷不乐、纠结矛盾，实在太狭隘了。

除了大自然，我们要感恩的还有很多人——亲人、朋友、同事、领导，以及那些不认识却为我们提供帮助的人。当我们对生活心怀感恩，才会懂得珍惜与满足，才会懂得理解与尊重，才会变得谦虚和友善，才会对那些崇高和伟大的人、事、物心怀敬畏之情。

战争已然过去，你可能没什么印象，但你的父母、爷爷、奶奶却曾饱尝苦难。我想，但凡日本军部有一点点感恩和敬畏之心，就不会发动这样一场可怕的战争。纳粹狂人希特勒也一样。德国好不容易摆脱"一战"后的困境，希特勒却忘记了对上苍、人民的感恩和敬畏，狂妄自大、骄纵残暴，从而把德国再次推入深渊，最终自己也走向了毁灭。

如今，战争的阴霾渐渐散去，各国人民都在努力维护和平，我们应该对此感到欣慰，并保持敬畏之心。

敬畏，并不是胆小怕事、畏首畏尾，而是谨慎、尊重与谦卑的姿态。很多古老民族都有自己敬畏的山神、河神，他们深信，如果过度砍伐、捕猎，就会触怒神灵，最终受到惩罚。正是对大自然心怀敬畏，森林才能生生不息，河流才能源远流长。然而，现代工业文明却让相当大的一部分人丢弃了这种敬畏之心。滥砍滥伐、过度捕捞已经不是新鲜事。不少古老的物种灭绝了，而最终人类也自食恶果，这种例子已经太多了。

同样，如果在日常生活和工作中有所敬畏，就不会去做那些伤天害理的事，不会怨天尤人、自怨自艾，也不会投机取巧、心存侥幸，而是踏踏实实地做好自己应该做的事。

关于感恩与敬畏，我还想起了一个故事，是我刚参加工作时从一位前辈那里听来的。

据说有一个乞丐走进了一家非常高级的点心店，说要买一块糕点。店员们第一次看到乞丐来买东西，都感到很意外。其中一个店员把糕点包好后递给乞丐，在交接的时候不自觉地犹豫了一下，毕竟对方是个脏兮兮的乞丐嘛。

那家店的老板看在眼里，走过来说："我来接待他吧。"

他很礼貌地把糕点交给乞丐，收了钱，并深深地鞠了个躬说："感谢您的惠顾。"

送走乞丐，年轻的店员很诧异，问道："无论客人的身份多么尊贵，都很少见您亲自接待，今天您却亲自接待一个乞丐。为什么呢？"

老板说："不怪你感到难以理解。确实，来我们店里的大多是有钱有地位的客人，我们的生意都靠他们，善待他们是理所当然的。不过你想啊，今天这位客人为了品尝我们的糕点，或许花了很多时间才一分一分凑齐了钱。为了一小块糕点而倾尽所有，这样的客人多么可贵啊。我们可是把生意人的好处都占尽了，难道不该心怀感激吗？并且，正因为这样的客人都来买我们的东西，我们更要用心做，否则连上天也会惩罚我们的。"

几十年过去了，这个故事仍清晰地印在我脑海中。我经常反省：我是否也和这位老板一样，对顾客心怀感激，并力求做到更好呢？

年轻人，希望你也常怀感恩与敬畏之心，从日常点滴和工作中感受幸福，对身边的人保持谦和。我相信，你能活出属于自己的精彩与成功。

part 6

世界不会亏欠

每个努力的人

────────

我一直都觉得，有什么样的境遇、成为什么
样的人、过上什么样的生活，并不完全取决
于个人意志和努力，而是命运使然。

────────

一路奔跑一路收获

　　通过本书，我主要是想告诉年轻人，对待生活和工作，应该采取什么样的态度。当然，这很难一概而论。我在期盼什么，有时连自己也弄不清，换句话说，即使到了我这把年纪，依然还有很多苦恼，依然会感到迷茫。而我却在这里大言不惭地说希望大家这样做、那样做，实在有些冒昧。

　　不过，毕竟我比大家多活了这么些年，也多经历了一些事，在很多事情上，我发自内心地觉得，如何做会更好。在前文中我就说了很多这样的体会。接下来我再说其中一点吧——不必过于计较得失，要有光明磊落的气度。

　　我说这句话，与其说是劝诫大家，不如说是一种自勉。

　　或许你会反驳说："你不是每天都在拼命赚钱吗？还好意思说什么不计较得失？"不是这样的。对我而言，赚钱是是一件水到渠成的事，不是拼命了，就一定能赚到的。具体来说，只要忠于职守、踏实努力，钱自然会聚集而来。

　　生产商品时，不要只着眼于"钱"。以我自己为例，在中作中，我常常考虑："这个东西做出来，会给大家带来多少欢乐？"或者说："有了这东西就方便多了，家庭主妇们能又快又轻松地搞定家务活。"因为每次都想着怎样为社会提供便利、创造欢乐，我很少担心"这样做会有人买吗"之类的问题，虽然有时利润少一点，我也不会过于在乎。至于为了降低成本而偷工减料的事，我更是坚决不做的。事实也证明，当一件产品能够满足人们的需求，赚钱就成了自然而然的事。

　　这是我这些年一路拼搏收获的最深刻的感触之一。

　　昭和三十六年，也就是 1961 年，我和苏联当时的副主席米高扬进行了将近两小时的会谈，其间提到"解放人民"的话题。因为气氛比较轻松和谐，我开玩笑地说："您说要解放人民，而我则是帮助日本的家庭主妇获得了解放。"

　　米高扬先生很惊讶，我又说："以前，日本的家庭主妇被繁重的家务活所束缚，而现在，我生产出了各种家电，代替了人工劳动，因而她们有很多时间用来娱乐、读书。"

米高扬先生用力地握着我的手说："你虽然是个资本家，却很了不起。"

"资本家"这个词，对我而言不太中听。我并不是一心想当资本家才发展到今天的，现在的成就，是我每天努力工作的自然结果。不过听说他在回国前的记者招待会上说："我非常佩服日本的松下先生。"

然而，我并不是因为立志要解放家庭主妇才开始工作的。我做生意的初衷，不过是为了每天有饭吃。家里穷啊，必须很努力地工作才能活下去。但我身子弱，在公司上班应付不过来。因为当时实行的是日薪制，我每天的薪水正好够我和妻子一天的粮食，如果生病休息的话，立马就断粮了。于是我才寻思着做生意，这样就算我病了，妻子也可以继续营业，勉强维持生活总还是可以的。

换言之，最初我并没有想过要成为有钱人、大企业家，或者说"资本家"，也没想过要解放家庭主妇。我一个体弱多病的人，根本没有那么远大的抱负，只是简单地想要一个饭碗，不会吃了上顿没下顿。这个微小而现实的愿望成了我创业的动力。

　　自己经商后，我深切地体会到做伙计时学到的都是实实在在的"生意经"。我一直都坚持"顾客至上"的原则，诚信经营，不牟取暴利。事实上，因为我的愿望就是每天不用为吃饭发愁，所以并没有想过要牟取暴利，只是在不亏本的基础上，能够多赚点儿饭钱，我就很满足了。也正因为如此，反而得到了顾客的信赖，生意越来越好。有了一定的积蓄，我逐渐扩大业务，发展至今，没想到还为日本家庭主妇的"解放"贡献了力量。

　　这就像散步，或许原本只是想呼吸一下新鲜空气，没想到同时收获了花香、鸟鸣、夕阳等美景。人生也一样。很少有人能在出发的时候就确定自己要做什么、怎么做、做到何种程度，只有在前进的路上不断摸索，才能收获更多意想不到的风景。

　　我在经商这条路上收获的，当然还有更多。以前，我觉得自己创办的公司当然是自己的，但当我身边聚集着越来越多信赖我的员工之后，我渐渐意识到，我必须对他们的前途负责，因为没有他们，我的公司将难以运转，甚至会一败涂地。

　　让员工生活得更好，就是为社会和国家做贡献。生产有用的产品，也是为社会和国家做贡献。我，以及我的公司，都是为了社会和国家而存在的，我要努力、努力、再努力——

有了这种使命感，我感觉自己充满了力量。在这个过程中，"自来水哲学"的思想形成了。

那是一个夏日，我走在天王寺附近的偏僻街道上，看见一个拉板车的人。他走到一户人家的院子前，拧开水龙头，先漱了漱口，然后"咕嘟咕嘟"地喝了起来。自来水是要交费的，很显然，他的行为属于偷用，但并没有人上前去责怪他。为什么？因为多啊，就像空气和阳光，虽然很宝贵，但取之不尽、用之不竭，其实等同于免费。所以，尽管那个车夫偷用了别人家的水，却没有遭到责备。

我恍然大悟，如果把我们需要的东西变得像自来水一样充足的话，不就能消除贫困了吗？而我的使命，就是要生产出大量有价值的电器产品。虽然很难实现，但作为一种社会理想，我希望大家拥有等同于免费的充足物资。这个想法给了我勇气和正义感，也赋予我努力工作的意义和希望。

年轻人，你对自己的期待是什么？我相信你们当中有人想要成为叱咤风云的政商界要员，有人想要成为光芒四射的电影明星，有人想要成为震惊文坛的大作家……那么，请从眼前的小事做起，从最基础的职位做起，一步一个脚印，就算最后没有达到你期待的高度，也一定会收获别样风景，也一定是个幸福的人。

努力的人永远不差运气

    如前文所说，就我的事业而言，起步很寻常。无论是谁，如果处在和我一样的环境中，想必都会也只能那么做。我之所以能够发展到今天，除了坚持不懈的努力，还得感谢我的好运气。

    我从小身体不好，却也活到这把年纪了。小学四年级时就辍学去当了伙计，没什么学问。其间虽然遇到过很多困难，甚至差点儿死掉，但也没觉得自己比别人差哪儿了。现在，我还对着高学历的大学生们高谈什么人生道理——只能说，我的运气真的不错。

    我一直都觉得，有什么样的境遇、成为什么样的人、过上什么样的生活，并不完全取决于个人意志和努力，而是命运使然。例如，当我在船场做伙计时，我在前文中提到过的同龄人在上中学；当我成为电工时，他升上了高中；当我开始创办小工厂时，他在读大学。我们有着截然不同的人生轨迹，不是我努力了，就能过上和他一样的生活。在各自的命运里坚强地努力，我觉得这样的人非常了不起。

　　在某大学做演讲时，我曾说："乍一看，大家好像差不多，实际上每个人的命运都各不相同。将来走进社会以后，差别就更大了。我不知道应不应该告诉你们这些年轻人，从某种意义上来说，人生90%是由命运决定的，只有10%是受个人意志支配的。"

　　疑问来了：既然90%都是命中注定的，那努力还有什么意义呢？或许我应该鼓励大家："我们可以通过努力改变自己的命运。"但我总觉得这句话有误导大家的嫌疑。诚如前文所说："尽人事，听天命。"我认为，人事占10%，天命占90%。无论我们如何努力，也不可能个个都当总统或者首相吧。

　　一个人能够成功和幸福，就取决于那10%，取决于是否努力。如果你相信90%是由外力所决定的，就不会再惊

慌失措。抱怨命运不公、时运不济，对于一个人的成功和
幸福绝无益处。或许有人会质问："难道你就不曾抱怨过
吗？"仔细想来，和大多数人一样，我的人生也经历了重
重困难，能够成为今天的我，是命运的安排。正是看透了
这一点，即使在最穷困落魄的时候，我也从未抱怨过命运
不公；当然，在最得意的时候，我也不曾骄傲自满。

　　一直以来，我都很努力地在实践那 10%，剩下的 90%，
既然自己无法把握，就不必纠结是好是坏。虽然无法靠自
己的力量改变命运，但我相信，只要真诚地完成自己的工作，
做好自己该做的事，就一定能获得幸福。

　　听上去似乎很简单，做起来其实很难。你是适合开面
馆还是进公司？进公司的话，是在技术部好还是在总务部
好？无论做什么，都要从自己的能力出发，充分发挥天分，
才能尽可能地把握命运的走向，获得成功和幸福。如果一
个人有夺取天下的命数，通过努力就能夺取天下；即便没
有夺取天下的命数，也能按着自己的命运顺利发展下去。

　　有人大概会说："你自己运气好，自然是站着说话不
腰疼啦！"其实年轻人，别总说自己运气不好，你们能够
生长在这样的和平年代，能够有足够的粮食和营养，能够

坐在宽敞的教室里学习，运气已经很好了。将来进入社会，能被自己中意的公司录取，能够从事一份自己喜欢并擅长的工作，这些也都是运气啊。

　　总觉得自己不被命运眷顾的人，最后往往真的不被命运眷顾。

拼命的人不等待

　　最近出现了一股"学历至上"的风气，弄得好像没有学历就会被人瞧不起，就会被社会淘汰似的。没有学历，找工作难，升职加薪难，更令人大跌眼镜的是，甚至连结婚都要看学历。这令我再次感到自己运气真的很好，早生了几十年，否则像我这种小学四年级学历的人，恐怕真的会没饭吃吧。

　　在我看来，能不能继续求学也是注定的，不见得考不上高中、大学就没有出息；反过来，也不见得怀揣高学历就一定有出息。我不知道现在的企业和学校都是怎么想的，总之我认为，知识固然重要，但实践能力更重要。而培养实践能力的最佳场所，当然是社会。因此，在接受了必需的基础教育之后，可以试着走出象牙塔，进入社会实践。

前不久，我见到一个年轻人。他才十七岁，家里挺有钱。读高一时，他就想好了将来要从事酒店管理的工作。于是，他说服了希望自己考大学的父母，并找老师谈话，然后进了一家酒店，在里面刷盘子。

我问他："为什么不等大学毕业以后再进酒店工作呢？"

他回答说："那就太迟了。要做一个优秀的酒店管理人员，就必须学会刷盘子、扫地、烹饪等各种工作。这些事在大学里是学不到的，我为什么还要浪费时间呢？"

一个十七岁的年轻人，为了自己的理想职业，竟能这样满怀信念地付出努力，这让我非常欣慰。而且他的言行举止很得体，待人接物也十分周到——从这点来看，他已经是一位合格的酒店管理者了。

临走时，我跟他约定："你将来自己管理酒店的时候，务必让我成为你的第一位顾客。好好加油！"

明确目标，努力实践，这位年轻人给我们树立了良好的榜样。事实上，无论什么职业，趁年轻时多积累经验是非常重要的。年轻时学习能力强，领悟技能的能力也强，而且一旦学会，往往比较牢固。

年轻人，如果你希望将来在社会上取得成功，就应该先在某方面苦练内功。如果有可能，就尽早锁定自己的职业目标，以免把宝贵的时间和精力浪费在无关紧要的事上。要想成为某一方面的专家，我认为，至少要有五年以上的经验。在这个过程中，除了相关技能的掌握，也自然而然地获得了深厚的修养，使自己更富人情味儿。

当然，我不是要大家都别上大学了，去刷盘子、扫大街、摆摊儿。大学是一个能为你提供无限可能的地方，如果有机会，还是要多读书的，而且要好好读。

我听说有些大学生老早就开始创业，卖章鱼丸子的也有，卖衣服的也有，开书店的也有。投入成本少，常常能赚到钱，看起来似乎不错，但大部分学生并没有将这作为长期乃至一辈子的事业来经营，不过是当做学生时代的兼职体验。在课余时间积累社会经验，这当然是可以的。

但是，有些学生稍稍尝到一点儿甜头，就丢下课本、荒废学业，"专心"做起了小生意，但最后却因种种缘由放弃了。反正不做生意还可以继续读书嘛。这是很可惜的，而更可惜的是，他们即使回到课堂上，也总是想着如何换种方式去赚钱，而不是静下心来学习知识、掌握技能。或许在他们看来，赚钱似乎是轻而易举的，读书反而是毫无用处的。

我只想说，年轻人，如果你没有想清楚自己究竟要做什么，那么，在该学习的时候，还是踏踏实实学习吧。知识和技能的作用不是立竿见影的，但会在你未来的人生中渐渐显现。

让年轻的心更坚实

我一直把你们设想为在城市中生活的年轻人。其实，我正担任"4H俱乐部"的支援团体——"4H协会"的会长。"4H俱乐部"是个农村青少年组织，旨在改革农业、改善农村生活，名字出自于head（头）、hands（手）、heart（心）、health（健康）这四个非常重要的英文单词的首字母。我自己也是农民出身。考虑到农业对我们生活的重要性，我想在这里说几句。

每年三四月份，就有很多年轻人离开学校，迈出走向社会的第一步。每个人都满怀着希望，在自己选择的道路上前进。这情景令人无比欣慰，也令我觉得仿佛自己也变得年轻了些。我衷心祝福他们。

有人进了公司，有人投身于喧嚣的工厂，也有人自己创业。还有一些人，他们放弃城市生活，和大自然打起交道来——从事农业生产活动。或许比起在公司、政府部门工作，有些人对农业更熟悉，因为很多人从上学时起就经常帮家里干农活。尽管如此，决定把农业当作自己一辈子的工作时，还是会生出些新的感慨。

日本自古以来就把农业作为国家经济的基础。特别是在现代，农业稳定变得更加重要。而无论什么行业，最关键的是人才问题，农业自然也需要热情洋溢的年轻人。

现在的农业不同于古时。你们年轻有为，如果能够投身于农业、改良农业生产技术，无论对于你自身，还是对于国家，都具有深远的意义。

日本虽然国土狭小，但农业正迎来一个新时代，现在和未来的农业有很多亟待开发的领域，这意味着还有很多发展空间留给你们。虽说农业具有悠久的历史和传统，我们的农业技术符合日本的气候及环境特点，但我们也必须在传统基础上进行革新，充分发挥文化特色和科学技术。例如，除了稻米和蔬菜之外，可以培养种植新的农作物；虽然土地狭小，但通过引进新观念和新技术，也有可能使生产效率大幅提高。

肩负这个重任的，正是你们这些年轻人。城市里的年轻人往往过多关心物质享受，容易变得浮躁。如果能立足于生产万物的土壤，亲自体验一分耕耘一分收获，你的思想就会变得踏实稳重，内心就会更加坚实。

我现在正担任 4H 协会的会长，所以对于 4H 俱乐部会员的活动也常有所耳闻。听说，他们正在世界上推广我刚才提到的农业革新活动。

part 7

成功和你想的不一样

我们总说要尊敬长者，但在现实生活中，并非所有的长者都值得我们尊重，也并非年轻的人就不值得我们尊重。我认为，值得尊重的是一个人的行为、思想，而不是年龄。

释放你的热情

　　有的人很聪明，但一直没做出什么成绩。这是很正常的。单靠聪明，不足以让一个人产生切合实际的创意。有的人虽然不是特别聪明，却能不断想出好点子，因为他有热情，做事能够全情投入、深入挖掘，自然能够发现别人发现不了的东西。所以，热情是很重要的，没有热情，再聪明也不能成功。

　　你看那些满怀热情的医生，他们也许不够精明，却能赢得病人的信赖。很多情况下，他们凭借经验，一看就知道是什么病，但他们绝不会因此就敷衍了事。而且，他们也不满足于墨守成规，即使遇到常规病，他们也会认真研究各种症状，验证最开始的诊断是否正确，然后信心十足地确定适合患者的最佳疗法。很多顽疾、罕见病能够被发现、治愈，正是得益于这些满怀热情的医生。

想必大家都有这样的经验——只要满怀热情去做，往往会冒出新想法、新思路，甚至连自己都觉得不可思议。工作也如是。虽然和过去相比，现在的工作方法已经有了很大的改善和进步，但还有无限的开拓空间，我们不能止步于当前。

我曾听人说，在跑保险的业务员中，各人业绩相差很大，甚至达到百倍之多。我很诧异，同样的公司、同样的业务，怎么会出现如此巨大的差距呢？诚然，业务员的性格、对业务的熟悉程度、是否掌握沟通技巧等都是影响因素，但也不至于相差百倍吧。根据我的经验，其根本原因在于对于工作的态度。对工作充满热情的人，能够全身心地去投入、钻研，不断寻找新的方法，并提升自己的业务技能，自然能够得到客户的信赖。

当我们处于安稳的环境、走在平坦的道路上时，往往容易产生贪图安逸的想法，想过舒适的生活。这样就无法充分提升你的实力，无法获得很大成功。而当我们遇到各种困难时，虽然要历尽艰险才能渡过难关，但这其实是大家提升实力、共同成长的好机会。

从某种意义上来说，我们生活的时代，是有史以来最能发挥自我价值的时代。我们一方面要清醒地认识到目前的困难形势；另一方面，不管做什么，都要满怀热情。这种积极性，才是克服困难、拓宽前路、获得成功的唯一途径。

如果一个人既有聪明才智，又能满怀热情，成就一定是非凡的，例如释迦摩尼。如果不能二者兼得，那么年轻人，我希望你们至少保持热情，无论是对自己，还是对别人。

"不可能"中的可能

　　"汽车大王"亨利·福特是我最尊敬的人之一。他首创了"福特体系"经营法，实行工作机械化和分工精细化的管理，生产出物美价廉的产品，提高了顾客的购买力，增加了公司盈利，同时也提高了员工的工资。可见，他是一位非常具有独创性的和平主义者。

　　福特曾经说过："越是优秀的技术员，越是知道很多理论上的'不可能'。"

　　每每想到一些似乎违背常识的新点子，福特就会找技术员商量，看看能不能运用到生产上。而技术员总是说："总经理，这是不可能的，理论上是做不到的。"

这些优秀的技术员往往受惯性思维的束缚。对此，福特只能报以苦笑。但事实证明，一些理论上的"不可能"，经过反复探索和实践，最后成了"可能"。自然，这需要投入更多的热情，遭遇更多的失败，抱有更坚定的信念。

永禄三年（1560 年），织田信长在桶狭间击败今川义元大军。当时，他只有二十六七岁，而辅佐他的家臣大都四五十岁了，深谋远虑，久经沙场。因此，他们根据常识认为，无论如何都不可能战胜兵力雄厚的今川大军，进攻无异于送死。既然取胜无望，与其贸然出击，不如躲在城中坚守，说不定能等来援军。

然而，织田信长偏不信，却孤身一人策马出城，扔下一句话："随你们的便，反正我不能坐着等死！"

要是在今天，如果你说"随你们的便"，估计大家就真的不理你了。但在当时，君主至上，家臣们当然不能眼看着主公独自去送死，于是纷纷抱了必死的决心追随他。织田信长的命运就此逆转，获得了奇迹般的胜利。

优秀技术员对福特说"不可能"，久经沙场的家臣对织田信长说"不可能"，还有许多知识渊博的人对别人或自己说"不可能"……这些人有一个共同点:"知识"是他们的长处,但与此同时,"知识"也会带来负面影响,让他们先入为主地认为"不可能"。一旦被成见束缚,就失去了尝试的勇气,放弃了细微但真实存在的"可能",自然无法取得成功。

古语说:"穷则变,变则通。"当我们碰到困难时,不要轻言放弃、半途而废,而要把之前的想法以及束缚自己的常识抛开,甚至不惜从头再来。就像解一道复杂的数学题,前面的步骤看似都没有问题,但最后一步如论如何也不对,那就干脆撕掉,从第一步起重新解题,说不定就能找到问题所在并顺利得出答案。

我们周围有很多根深蒂固的"常识",其程度远远超过我们的想象,而我们也经常听到类似的话:"试过很多次了,就是不行。""真的是没办法了。""确实行不通啊。""算了吧,本来就不合常理……"

年轻人,当你产生这样的想法时,请务必满怀热情地再试一次。最后一次,忘记你所知道的"常识""理论",把自己从"不可能"中解放出来,拼尽所有的热情,也许"可能"就此产生了。即便仍不能成功,也一定会有其他收获。

突破你的思维局限

　　我每隔十天半个月就会抽空去一趟理发店，因为东京某家理发店的老板曾对我说："您的头关系到公司门面。所以，要经常修剪。"

　　我觉得他的话很有道理，就算工作再忙，我也一直保持着勤理发的习惯。

　　有一天，这个理发店的老板又说："要做买卖，服务很重要。"那天，他用了一小时十分钟给我理发，而平常他只用一小时——他多为我服务了十分钟。以前，很多手艺人都认为，这是认真服务的表现。

　　排在我后边的顾客称赞说："老板，你还真是热心周到啊。一会儿给我理发的时候也多费点儿心啊。"

但是我认为,在重视效率、珍惜时间的现代社会,这并不是真正的好服务。于是我对他说:"你想努力为顾客提供好的服务,这份心意值得肯定。不过,如果因此让顾客多花十分钟,算不上好的服务。相反,如果能让顾客少花十分钟,同时又不降低服务质量,这才是最佳服务吧。"

花的时间越多,就越能把事情做好,这就是普遍的认知,当然也不是说没有道理,正所谓"慢工出细活"嘛。但如果能又快又好地完成,为什么还要多花时间呢?对于像理发这样的服务行业来说,更是应该时时为顾客着想,而不是把"多花时间"等同于"优质服务"。

前不久,我又去了那家理发店。这一次,老板用了五十分钟就帮我打理得妥妥帖帖的。

类似的事情在如今的职场上也是很常见的。比如,有些员工看似一天到晚很忙碌,而且常常加班,但总也出不了成绩。无论是对于公司来说,还是对于员工本人来说,这都是一件令人沮丧的事。然而,我们也会遇到一些领导反而表扬这样的员工,因为很多人习惯性地把"多花时间"等同于"努力奋斗"。

　我还是电工的时候，曾遇到过一位干活很麻利的同事。别人花三个小时才能完成的事，他常常两个小时就全部搞定了。我非常佩服他，偶尔也会问他安装电线的窍门之类的。

　一天，这位做事利索的同事又早早地回到了公司。另一位年纪稍大点儿的老同事私底下对我说："千万别学那个人，他干的活儿都很粗糙，常常要返工。"我很诧异，因为我从他那里学到的小窍门确实很好用，而且也没见他收到要求返工之类的投诉。老同事又说："你想啊，铺电线、装电灯是很需要耐心和细心的，我都干了十几年了，很清楚什么样的活儿要花多少时间。他怎么可能比别人快那么多？我敢保证，他绝对是偷懒敷衍的。"

　老同事一口一个"肯定""保证""绝对"，令我非常不解。他为什么就不能相信，那位同事在电工方面有天赋呢？难道必须和周围的人保持步调一致，才是认真干活吗？

　通过这件事，我开始留意自己是否也会出现这样的思维局限。

视野比赚钱更重要

　　这是很久以前的事了。我收到一封来自北海道札幌市的信。信里写道："我是一家眼镜店的店主人。前几天，我在电视上看到您，觉得您戴的眼镜不太适合您的脸形。所以建议您换一副更好的眼镜。"

　　这位眼镜店老板特意从北海道寄信给我，还真是热心。我回了封信表示感谢，但很快就把他的建议给忘了。

　　后来有一次，我偶然有机会去北海道的札幌市做演讲。演讲结束时，给我写信的那位眼镜店老板过来求见。他六十来岁。

　　"您好像还戴着以前那副眼镜呀，我给您换一副吧。"

　　我被他的热情打动了，决定采纳他的建议。

　　"那就听您的，您说戴什么样的眼镜，我就戴什么样的眼镜。"

　　当晚，我在酒店大堂和四五个人谈业务。那位眼镜店老板再次来访，趁我谈话间歇上前对我说："我需要用一小时左右的时间来确认眼镜和脸形的适合度、眼镜的尺寸，以及您的眼镜度数。十天后配好寄给您。"

　　他临走时又说："您这副眼镜戴很久了吧？可能现在已经不符合眼睛度数了。方便的话，您可以来我们店里看看，十分钟就行。"

　　他的意思是想给我重新测一下眼睛的度数。我想十分钟还是能抽出来的，于是跟他约定回大阪前会去一趟他的眼镜店。

　　第二天去机场前，我特意去了一趟他的眼镜店。到那儿我吃了一惊，那家店位于札幌市的繁华区——大概相当于银座、心斋桥之类的地方，店面非常大，简直就像来到了眼镜百货商店。我随店员走进店里，里面有个大厅，有三十多位顾客正一边看大屏幕一边等待。据说这里还配备了全世界最精密的验光仪器，令我再次赞叹不已。

　　尤其让我佩服的是那些二三十岁的年轻店员，个个热情开朗、干脆利落、彬彬有礼，确实让顾客觉得心情愉快。那位店老板也没闲着，像只松鼠一样在店里忙前忙后。

我不禁感到佩服：没错，做生意就得这样才行。

我说："您这么忙，为什么还给我写信呢？难道仅仅是为了卖给我一副眼镜？那你可亏大了呀。"

店老板微笑着回答说："您经常要出国访问吧？要是您戴着这样的眼镜到国外去，人家还以为日本没有眼镜店呢。这样会影响对日本的印象。"

很显然，那位眼镜店老板心里除了赚钱，还有更广阔的视野和见识，这令我有点儿自惭形秽。老实说，我已经三四年没换过眼镜了，也从没想过这和国家形象有什么关系。临走时，我送了一台最新款的便携式收音机给他。

商人要赚钱，这是天经地义的，总不能等着饿死。但如果只想着赚钱，并不是长久的经商之道。只有拓宽视野，不唯利是图，怀着真心和热诚经营，才能实现真正的繁荣昌盛。

做个保管员而非所有者

　　明智光秀有个堂弟叫明智光春[1]。明智光秀发动本能寺兵变讨伐织田信长后，命明智光春据守安土城。后来，明智光秀在山崎遇到丰臣秀吉的进攻，情势危急。明智光春紧急出兵救援，却在途中碰上了丰臣秀吉的军队，他身负重伤，孤身杀出重围，回到坂本城——"骑马渡湖"的故事，讲的就是明智光春单骑横渡琵琶湖的情景。

　　坂本城不久又陷入了重围。明智光春自知大势已去，于是安排部下突围，并整理好身边物品，然后停止了战斗，

---

[1]　即明智秀满，又称明智左马介。

把堂哥明智光秀的茶具、宝刀等传家宝打包好，用绳子吊到城下，交给敌军将领堀监物。

根据吉川英治的《新书太阁记》记载，明智光春当时是这么说的："我已然战败，连天下都要让给胜者了，又如何会在乎这些茶具、宝刀呢？但我认为，这些宝物是有生命的，谁拿着它，它就属于谁，但从来不属于某个人，而是天下之物，是世代相传之宝。一个人拥有它的时间是短暂的，而名器宝物的生命却应当世代延续下去。这是我的愿望。若将这些宝物付之一炬，实为国之损失，我等鲁莽武夫必将被后世唾弃。我不愿做此憾事，故托付于你……"说完，他慷慨赴死。

这份从容，实在超乎寻常。一般人的做法是什么都不留给敌人，放火把城烧了，自己和这些宝物一起化为灰烬。反正我得不到，你也休想得到！

明智光春对待"物"的态度，令我肃然起敬。

时间回到三十多年前，当时，为了核查缴税额度，税务局会派收税员在街道的寺院里设置申报点。我也去申报了。对于我这种小企业，他们就是问一下收入多少，我说多少就多少。

　　每次我都如实上报，缴税额逐年增长——三百日元、一千日元、两千日元……后来增加到了一万日元、两万日元。有一天，收税员忽然说："数额太大了，光是听你申报还不够，还要去你的事务所核实一下。"

　　那时我才反应过来："哎呀，之前一直老老实实地申报，岂不是亏了？"

　　就因为这事儿，我郁闷了两三天。直到收税员上门核实当天，我才想通。其实，我赚来的钱，原本都不是我的，是社会的、国家的，只是暂时归我"保管"而已，我最多就是在"保管期"内合理而有效地利用这些钱而已。至于税款，那就更不属于我了，该缴纳就缴纳。如果把钱当作私人物品，难免会产生贪念。

　　这些年，我一直把自己当作"保管员"，从未虚报收入。

成为值得尊重的人

在本章最后，说两件小事吧，是我从报纸上看到的。

一位欧洲老人在日本大使馆担任门卫，多年来，他一直勤勤恳恳地工作。大使馆为了表彰他，决定升他为大使馆秘书——这个职位比门卫轻松很多，然而遭到了他本人的拒绝。

"我犯了什么过错吗？我当了这么多年门卫，为什么不让我继续做下去呢？"

大使馆方面非常惊讶，回答说："没有，正因为你一直认真工作，从来没出过差错，所以我们才做这样的决定。"

老门卫坚决不同意："我为自己是个门卫而自豪，为自己每天辛勤工作而自豪。你们给我换岗位，会剥夺我的荣誉感。为了荣誉感，我宁可辞职。"

这种对工作坚定不移的使命感和态度，值得年轻人学习。我想，无论他从事什么工作，都会用一生来向我们展现何为"尊贵"。

另一件事，是关于一位在山顶开茶馆的阿婆。她的茶馆主要接待从那条山路过往的旅客。

阿婆自己一个人住，每天一大早就起来，准时开店，无论客人何时到来，她都能马上沏好茶，尽管有时候一整天也不见一个客人。

渐渐地，途经这座山的旅客形成了一个习惯——每次经过都会进茶馆喝杯茶、歇歇脚。这成了他们旅途中一个小小的乐趣。

为了不让这些过往的行人失望，阿婆就算身体不舒服，也不愿意关店休息。能够看到疲惫的人们走进茶馆歇一会儿、聊几句、喝口茶，阿婆就感到高兴。

我想，那位阿婆开茶馆，并不是为了赚多少钱，而是希望自己能为别人做点儿什么，希望客人的期待不会落空。因此，她才能几十年如一日诚恳地付出。

我们总说要尊敬长者，但在现实生活中，并非所有的长者都值得我们尊重，也并非年轻的人就不值得我们尊重。我认为，值得尊重的是一个人的行为、思想，而不是年龄。

年轻人，希望你们成为一个值得尊重的人。

part 8

不要辜负这个时代

我始终认为，责任感是一个人获得成功和幸福的基石之一。一个没有责任感的人，就不可能对自己所做的事投入热情，无论是情感还是工作。

首先做个负责任的人

　　在合适的地方、合适的职位上从事合适的工作——无论对我们个人，还是对整个社会，都有着重要的意义。从某种程度上来说，这就是一种成功。这首先是你个人的成功，但又不仅仅是你个人的成功，你同时也为公司、为他人、为社会做出了贡献。

　　我们生活的时代，人与人之间的联系比以往任何一个时代都更加紧密。这就意味着，我们的一举一动都在影响别人，同时也被别人的一举一动影响着。所以，对于"自由""个性"等词汇的理解，我们需要进行认真的思考。

　　青春可贵，韶华不负，年轻人就要活得自在潇洒，这份激情固然可贵，但不可忘记自己肩上的责任——有益的行为将造福大众，有害的行为则会危害他人。我们需要对自己的行为负责，对千千万万和自己有联系的人负责。

"不管社会如何，只管我行我素"，这不是个性，而是不负责任。怎样培养社会责任感？反省——这是最基本的态度。用年轻人的眼光来看待事物、做出判断，以年轻人的方式活动，这在一定程度上是被允许的，但仍有限制。文明越来越发达，自由度不断提高，因此需要我们有约束自我的反省精神。什么该做，什么不该做？什么道德，什么不道德？学会了反省，也就学会了倾听、判断和负责。

其实，人生价值往往是在需要负责任时才显现的。一个人站得越高，需要承担的社会责任也越多；反过来说，一个人承担的社会责任越多，就说明其在社会中的地位也更高。当我还是个小伙计的时候，我只需要对自己的工作负责，对店铺以及老板负责；而当我成了正式的电工，我需要对千万人家的生命和财产安全负责；如今，我的责任自然更重大了。这也要求我不断磨砺自己的心灵，提升自己的技能，以便更好地承担责任。

我始终认为，责任感是一个人获得成功和幸福的基石之一。一个没有责任感的人，就不可能对自己所做的事投入热情，无论是情感还是工作。

没有责任感的人，遇到困难更容易放弃，他们总说："算了，就这样吧。"因此也很难有新的发现和突破。医生、药剂师如果没有责任感，病人就会很危险。我甚至听说有人竟然会把手术刀落在病人肚子里！科学家如果没有责任感，就有可能使仪器出现故障，那么飞机、火车、火箭、卫星等都会成为安全隐患。农民如果没有责任感，种出的粮食和蔬果不达标，就有可能危害到人的生命。教师、学者如果没有责任感，就会误人子弟，贻害社会。员工没有责任感，得过且过，公司就难以获得发展。家长没有责任感，孩子的身心发展就有可能受到阻碍。总之，每个人都有自己需要承担的责任，对自己负责，对父母子女负责，对工作和公司负责，对社会和国家负责，这样的人，才能最终获得大成就。

我曾听说，有些人在工作上遇到挫折，然后一蹶不振，全然不顾年迈的父母、相濡以沫的妻子和嗷嗷待哺的孩子。有些人拿着父母的血汗钱出去花天酒地，这也是不负责任的表现。更有甚者，为了给孩子筹措创业资金，有的父母竟然卖血！这不禁令我感到心寒。一个有责任感的人，断然做不出这种事。还有一些人，对待感情总是不专一，在我看来，这种人即使活到三十岁、四十岁、五十岁，也仍然不是合格的成年人。

年轻人，现在你们的选择越来越多，但是希望你们每天都能自省：这样做，对得起自己吗？对得起养育我的父母吗？对得起提拔我的领导吗？对得起信任我的朋友吗？对得起为我提供教育的国家吗？只有当答案是肯定的时候，再放手去做吧！

不妨碍他人享受权利

　　说一件日常生活中的小事——是我朋友 A 君的亲身经历，我去夏威夷，和他闲聊时告诉我的，一开始我还觉得难以置信。

　　不知谁在 A 君家门前扔了一块香蕉皮，有路人经过不小心踩到摔倒了，头上擦破了一点儿皮。那人把 A 君告上法庭，要求赔偿损失。像这种情况，被告方都会败诉。这次也不例外，A 君不得不进行赔偿。

　　就是这么一件小事。我们可能会说：简直岂有此理，那个扔香蕉皮的才是犯人呀，而且是你自己不小心踩到的！——但这只是日本人的浅见而已。

在美国人眼中，每户人家都有责任清扫自家门前，这种想法根深蒂固地存在于美国人的观念。

例如：邻居小孩上你家串门，在院子里玩的时候，风一吹，从苹果树上掉下来一个苹果，把他砸伤了，你就得赔偿。为什么呢？因为对于可能掉下来的苹果没有采取必要措施，这就是你的过错。作为种在院子里的苹果树的所有者，你有责任去排除其中隐藏着的危险。

所以，不光是美国人，还有居住在美国的人都会购买财产损失保险。他们家里也必须收拾得干干净净，以防伤着客人。你拥有不受他人伤害的权利，同时，你也有义务不让他人受伤，这是日常生活中必须严格遵守的原则。

我问 A 君："你在美国住了这么久，不会觉得很受拘束、很不自在吗？"

他回答说："已经习惯啦。大家都觉得这是理所当然的，都过着这样的生活。总统家的院子也适用一样的法律。法律禁止做的事情，无论你是总统还是普通民众，都不能做。"

不推诿责任、不依赖别人，坚持自己权利的同时，不妨碍别人享受权利——这是我们的责任。例如：放声高歌是你的权利，但如果三更半夜吵得邻居都睡不了觉，那就过分了；养宠物是你的权利，但如果不管理好就有可能危害到别人；穿什么样的衣服、化什么样的妆、用什么样的香水是你的权利，但如果不分场合与时机，就有可能给他人造成困扰。总之，当我们每个人都有这样的觉悟并习以为常时，社会将会更加有序、和谐、温暖。

由此，我想到了最近的日本。目前整个日本都在为物价问题头痛，这是关系到社会稳定和国家发展的大事。作为普通民众，我们可以要求政府解决物价问题——这是我们的权利。但同时，我们也必须反省，物价动荡很大程度上是因为我们每个人的生活方式，因此，每个人都有责任，也必须为稳定物价出一分力。认识这一点很重要，可惜现在大家普遍缺乏这种意识，天天叫着"物价快降下来吧"，以为这样物价就真的能降下来。

出现物价上涨，政府发愁，企业家发愁，商店发愁，全国民众都发愁。工作受到影响，生活也不好过。可是，如果打着"民主主义"的旗号，天天熬夜审议却议而不决；或者只着眼于自己的权利，一开始就故意扯皮，使原本可以顺利解决的谈判或商务洽谈没完没了地拖延下去……物价怎么可能稳定呢？

更甚者，很多人觉得物价上涨是自然现象，人根本无能为力。这很可笑，也很惭愧。如果每个人（政府、企业、社会团体、个人等）都能把社会问题放进责任范围来考虑，认真审视、反思自己的行为，并从小事开始努力，我相信，很多问题都会迎刃而解。

从爱自己到爱别人

　　前不久，我看了青少年犯罪白皮书。在我记忆中，日本青少年的人均犯罪率是英国的 14 倍，是德国（和日本一样同为战败国）的 4 倍。可见，这是个很严重的问题。而比这更严重的是，上述数据公布之后，大家只是不痛不痒地说一句："哦，是吗？"政府也好，社会也好，家长也好，显然都没有重视这个问题，更别说采取什么对策。

　　这就是日本的现状——人们对善恶的判断渐渐变得麻木。我很理解，由于生活和工作压力太大，人们没有多余的精力去关心。很多人觉得，只要自己不犯罪就行，别人犯不犯罪，和自己有什么关系！但是，社会是一个整体，个人作为社会的一分子，难免会受到社会风气的影响。在一个犯罪率高的社会中，个人安全受威胁的程度也高，人心不安定、社会不稳定，必然导致更多人犯罪，从而进入恶性循环。

当然，也有一些年轻人很关心青少年的身心发展，并通过宣传、演讲等形式付诸行动，这让我很感动。还有一些家长也开始自省，这也是好现象。如果每个人都有这样的意识，我相信青少年犯罪率一定会大大降低。

再说说交通事故的问题。最近几年，每年死于交通事故的人都有上万甚至好几万，比死于日清战争中的人还多——我就出生于那个年代。日清战争打了一整年，举国上下都密切关注，而现在交通事故夺走了更多人的性命，人们反而无动于衷，好像和吃饭、喝水一样平常——这种现象反映出人们内心的麻木。

日本发展到今天，我们有必要对优良传统以及目前的许多弊端进行审视和思考，以便重塑心灵、重新出发。日本实现了战后复兴，这是值得我们骄傲的；同时，许多弊端也渐渐显露，这需要我们警惕和反思。

一直以来，我都主张年轻人要关注时事政治，要关心社会民生，因为没有人能离开社会大环境而独自存活。只有把大家的事当作自己的事，才能更好地承担责任、履行义务，为社会发展贡献自己的力量。

或许有人会对此不屑一顾："我只想做一个普通人，贡献社会什么的，是企业家、政治家、教育家、科学家的事，我可无能为力。"其实，贡献社会并非"大家们"的专属，任何一个生活在这个社会中的人，无论贫富，无论男女，无论职位高低，都可以做到。例如，把丢在地上的垃圾捡起来扔进垃圾桶、帮助失明的人过马路、替老人搬沉重的行李，这些看似微不足道的小事，其实都是对社会的贡献。

年轻人，你的一言一行、一举一动都与社会密不可分，善举造福社会，恶行危害社会，所以，务必让自己成为更好的人，行善良之举，做有益之事，让社会变得更美好，这是我们必须承担的道德责任。

说到"道德"，想必很多人会大皱眉头。这实在是一个老掉牙的词了。而且战争结束以来，有人甚至煞有介事地抛出"道德教育会引起战争"的论调。这实在是太武断、太不负责任了。

我认为，发动战争或者说发生战争的原因之一，正是道德的严重缺失——缺乏像爱自己一样去爱别人的道德观，缺乏像爱自己的国家一样去爱其他国家的道德观，却一直被"唯我独尊"式的狭隘的、错误的道德观所支配。其实，从真正意义上来说，这并不是真正的爱国，恰恰是缺乏爱国心的表现。

我没有什么学问，但我相信人类的本性是一样的。诚然，三千年前和现代的人在学识、情感、习惯等方面有很大的差别，但本性并没有变——向往和平、繁荣，希望过上幸福的生活，对倒行逆施的行为充满憎恨。

据说人是从猴子变过来的。我不这么认为。我觉得，人从一开始就是人，以后也永远是人。猴子是猴子，马是马，鱼是鱼，蛇是蛇……原本就是这样。我们的生活立足于这一本质，并与时俱进，追求着我们所需要的哲学和科学。这种追求向上的本性，是人类的普遍共性。所以美国实行民主主义，努力让人们过上好的生活；和日本同为战败国的德国也抓紧发展，如今经济实力已超过了日本。

从青少年犯罪率和交通事故说到人类的本性，好像扯得很远了，我只是想说，如果每个人都能正确地认识到自己的责任，并努力生活，社会就会变得越来越好。

　诚然，对于任何人而言，这个世界上最重要的人都是"自己"。我们最爱的人是自己，这是理所当然的。遇到挫折时，真正能安慰自己的人也是自己。在我看来，这种自爱自强，也是对社会的一种责任。

　但我们在使自己幸福的同时，也应该让周围的人变得幸福。如果周围都是不幸的人——父母子女、朋友同事都不幸，我们又怎么可能独自沉浸在幸福之中呢？所以，即便是为了自己的幸福，也应该好好爱家人，爱自己所在的集体。可见，一个人越爱自己，也应该会越爱别人。反过来说，爱家人、爱邻居、爱社区。爱国家——这才是真正意义上的爱自己。

在对立中求发展

在本章的末尾，我们来谈谈"对立与统一"这个重要的问题。

我们今天的世界在很多方面都存在着严重的问题。我们希望世界和平，这样日本才能保持和平稳定的发展。但现实是，日本不但没有能力带头去平息世界的混乱，而且维持自身发展的力量也摇摆不定，四分五裂，难以实现团结一致。不能再这样下去了！

认识到这种现状不能再继续下去，那么，我们就该谋求改善。说要"团结一致"，也许有人会觉得反感——听起来像法西斯口号。可是，如果政府、企业、团体乃至个人互相对抗、四分五裂，能做成什么事呢？

当然，我所说的"团结一致"，并不是指压制个人、抛弃个人主张、完全随大流。这样当然不行。人与人之间原本就是互相对立的——每个人都充分发挥各自的才能，从而实现整体上的和谐。这也是宇宙存在的法则。太阳、地球、月亮也是互相对立而统一的。万物存在于对立统一的关系中。如果只有对立，没有统一，人类社会就会崩溃。

要创造理想的和平社会，就必须实现人与人之间、团体之间、国家之间的对立与统一。

为了解决经济问题，国会进行审议时，不同的政党意见不同是常有的事，但如果只是在互相对立上耗费时间和精力的话，就不可能实现社会繁荣。各抒己见、充分讨论，社会和国家才能实现进步。

企业想要获得发展，也必须遵循这一规律。例如，劳资关系处理不当，轻者会阻碍企业的发展，重者则有可能导致企业崩溃、破产。因此，经营者要有努力提高员工福利的觉悟，而不是一门心思想着如何能让员工多干活而少领薪水。诚然，企业需要盈利，但这钱要从消费者身上去赚，而不是从自己的员工身上去"榨取"。

基于此，我认为劳动工会的存在是很好的，无论是对企业还是对整个社会而言，都是有利无害的。在欧美资本主义初期，劳动工会原本是抑制资本家专制、提高劳动者地位和福利的产物，是劳动者的代言人。通过劳动工会的活动，劳动者乃至全体国民的生活水平都所有提高，整个社会也得到了发展。而这又反过来提高了劳动者素质和积极性、创造性，从而促进了企业的发展。

因此，看似对立的事物，同时也是相互促进、相辅相成的。如果劳资双方始终处于对抗状态，企业就无法展开业务，劳动者的福利也无法提高，最终任何一方都难以实现发展。我认为，劳资关系可以看作自行车的两个轮子，如果一个大、一个小，自行车就无法前进。理想的状态是，当一方实力强大时，主动借力给另一方，帮助其共同发展。通过实力对等的劳资协商实现协调，从而营造出良好的关系，促进双方的发展。

每个人确立自己的人格也是如此。有的团体抹杀个人意见，以为这就是和谐统一，其实这和"道德教育会引起战争"的想法一样，都是很狭隘的。当今社会是相当包容的，每个人都有自己的个性，我们要允许别人和自己不一样。但我们也必须谨记，保持个性的同时，不能妨害他人和集体。这样，人际关系才能和谐，社会才能稳定和发展。

part 9

我的人类学研究

我希望把这本书"前言"的开头处那段话铭记于心，今天、明天、后天……无论何时都永远保持"年轻的心"，每天都满怀信念和希望，鼓足勇气，不断努力，愿和各位读者共勉。

何为"PHP"

　　第二次世界大战结束时，到处是废墟，人心混乱，政治荒芜。我目睹了这一切，对此忧心忡忡："这样下去的话，日本根本没有重建和复兴的希望。"愤慨之下，我开始了"PHP"研究。后来，"PHP"这个简单的词也渐渐为人们所知，现在还推广到国外去了。我们的月刊《PHP》也已经发行了很多期。

　　当然，可能你还是第一次听说。我就"PHP"稍作说明。以前，《PHP》每期最后一页上都写着这样的话：

　　"PHP"，是"Peace and Happiness through Prosperity"

的缩写，翻译过来，就是"通过繁荣带来和平与幸福"的意思。这里的"繁荣"，不仅仅指物质方面的富裕，也指精神方面的充实，即"身心富足"的状态。

我们相信，通过探究人类本质并确立与此相应的生活态度，可以促进社会繁荣。基于此，我们在政治、经济、宗教、教育等各个领域进行相关理念和方法的研究，并在社会上广泛公开，以便接受大家的批评。衷心希望得到大家的协助。

上面这两段文字表达得很清楚。简单说来，就是给人类带来身心两方面的繁荣，在此基础上建设更加伟大的和平与幸福。为了实现这一目标，我们应该怎么做呢？这就是我们研究的问题。

为什么我会想到这个问题？日本战败后，人们找不到工作，食物匮乏，精神状态也陷入不安和混乱之中。见到这情形，我不禁对人类、对社会产生了疑问。

你们当时年纪还小，或者还没出生，所以不知道当时的生活有多悲惨。但你们的父母为了能让你们吃饱穿暖，经受了不知多少苦难！这些都是我亲眼所见，也是我亲身经历的。

为什么会发生这场悲剧呢？因为发动了一场不合理的

战争，最终失败，这就是导致这场悲剧发生的原因。那为什么日本人会犯下这么严重的错误呢？——这恐怕不仅仅是日本人的问题，我们所了解的人类社会历史几乎就是一部战争史。

　　我之前去法国的时候，在卢浮宫美术馆里看了许多画作。其中有很多以基督教为中心的宗教画，而绘画题材大部分都是关于战争或者斗争的。看过之后，我内心大为震撼，从古至今，国与国之间战争不断，以宗教为中心的战争也浩大而惨烈，这让我非常吃惊。我们为什么要进行战争呢？我们为什么要遭受如此厄运呢？

　　冷静地思考一下就会发现，人类一直在重复着这种行为。这就是人类过往的历史。而且直到今天，依然还有很多人打着"为了和平而战"的旗号。对于他们来说，这也许是很有意义的，所以一定要斗争到底。然而，看看卢浮宫里关于宗教战争的画作，那些人也是宣称"为了和平而战"。

　　难道这就是人类的本性吗？在看画的过程中，我的这一疑问变得越发强烈了。

　　人的本性究竟是怎样的？关于这一点，各人有不同的看法。有人主张性善论，有人主张性恶论，但我认为有一点很关键——人们坚信"为了和平"而不断重复着各种悲剧。

其实,我自己原来并没有这么想过。一直以来,公司顺利发展,产品获得客户的赞誉,赢得许多人的信赖。所以,我的人生一直很安稳。当然,我也曾多次与死神擦肩而过,但那只是短暂的瞬间。回顾自己以往的人生,我觉得还算是过得很安稳的。

可是,当我亲眼目睹了战后日本人的悲惨生活时,我不由得对人性开始了新的思考:以前重复过无数次的历史悲剧,今后还会继续下去,难道这就是人类的本性吗?或许,可以通过对人类自身的把握、对人性的把握,在某种程度上减少这种悲剧?就算不能完全避免,也能从某种程度上减少吧?

这也是我开始 PHP 研究的动力。

向前一步

　　关于繁荣、和平、幸福的问题，从古至今已经有很多先贤研究过，但人类社会仍处于现在这个状态。我虽然经验浅薄，但愿意在众多先贤的指导下，探究一下这个问题——这就是 PHP 研究。

　　要做一个成功的牧羊人，首先必须熟悉羊的习性，这就需要研究羊是什么样的。同样，我们追求幸福，也必须了解我们自己，研究人是什么样的。然而，和研究羊比起来，研究人要困难得太多。

　　释迦牟尼离开王宫，苦行六年，可是并没有悟道。他身体衰弱乏力，只得结束苦行。传说，他走到一个村子时倒下了，刚好有一名少女经过，见他十分可怜，就把手中的山羊奶喂给他喝。释迦牟尼于是恢复了体力。作为婆罗门教徒，他修行了六年，却没有悟道，他觉得看来需要重新思考。于是，他独自坐于菩提树下，静心思考，最终顿悟。据说这就是佛教的起源。此后两千五百多年间，佛教非常兴盛。日本的古代文化几乎都受到佛教的影响。大家虽然同样都研究人，但释迦牟尼的主张就和大洋彼岸广泛流传的基督教教义不同。可见，人类本质究竟是怎样的，确实是个难题。

如果叫来十个牧羊人，问他们"羊"是什么东西，估计大家的回答都差不多。可是，"人"却没有这么简单。

人类自己创造了神，然后向神求教，以提升自己。自己实现了提升之后，又再向更高的神求教……从这一点来看，人类自身简直就是神，当然不像羊那么容易研究透彻。现在，我们对于人类也许稍有了解，但在我有生之年，想要完全了解是绝不可能的。

然而，只要人类存在，这项PHP研究就应该一直继续下去。如前文所说，人们都在追求繁荣、和平、幸福。这种共同愿望是如此强烈，以至于人们反而为此兵戎相见，互相伤害。既然是这么强烈的愿望，那这项研究一定可以永远继续下去。一步、两步，慢慢前进，一代代传承下去，这就是我们的 PHP 研究。

关于 PHP 研究，我从来没有特意宣传过。但不知不觉地，一部分外国人也开始对它产生了兴趣。其实，无论做什么都是一样的道理——只要你努力做好正确的、必要的事情，就一定会获得大家的认可。

在日本国内，当然也有很多人关注着 PHP 研究。而我们自己，却只有这么一丁点儿研究成果，实在觉得惭愧。不过，因为有更多的人知道并关注 PHP 研究，所以也开始有人对我们研究中的疏漏提出宝贵的意见。

最终，我们就能聚集千千万万人的力量，也就是我所说的集思广益，推动这项事业的前进。光凭我个人以及研究所人员的能力是不够的。只有把千千万万人的聪明才智聚集到 PHP 来，才可能真正研究出人类的本质。

　　我希望把这本书"前言"的开头处那段话铭记于心，今天、明天、后天……无论何时都永远保持"年轻的心"，每天都满怀信念和希望，鼓足勇气，不断努力，愿和各位读者共勉。

松下幸之助简略年表

1894 年 11 月 27 日，出生于和歌山县海草郡和佐村（现为和歌山市祢宜地区），是家中第三个儿子。父亲松下政楠，母亲德枝。

1899 年，4 岁。父亲做大米投机生意失败，全家移居和歌山市内。

1904 年，9 岁。小学四年级辍学，独自前往大阪，在宫田火盆店当伙计。

1905 年，10 岁。在五代自行车商行当伙计。

1906 年，11 岁。父亲病逝。

1910年，15岁。进入大阪电灯股份公司当室内配线实习工。

1911年，16岁。从实习工升为最年轻的工程负责人。

1913年，18岁。母亲病逝。

1915年，20岁。和井植梅之（19岁）结婚。

1917年，22岁。从工程负责人升为最年轻的检查员，后从大阪电灯股份公司辞职，并开始生产和销售插座。

1918年，23岁。3月7日，在大阪市北区西野田大开町（现福岛区大开）成立松下"电气器具制作所"，开始生产和销售连接插头、双灯用插入式插头。

1923年，28岁。发明炮弹型电池式自行车灯。

1925年，30岁。参加区议会议员选举，以第二名当选。

1927年，32岁。在出售方型电灯时首次冠以"National"商标。

1929年，34岁。把公司名改为"松下电器制作所"，并制定公司纲领、信条，明文规定松下电器的基本方针。同年，受世界经济危机的冲击，公司采取半天工作制、生产减半而工资全额支付等措施，在没有解雇员工的情况下渡过难关。

1931年，36岁。松下收音机接收器在NHK东京主办的收音机比赛中获得一等奖。开始自己生产干电池。

1932年，37岁。将5月5日定为公司创立纪念日，举行第1届创业纪念仪式，阐述创业者的使命，并将这一年称为"命知元年"（命知：知道真正的使命）。

1933年，38岁。实施事业部制。在全公司实施早会及傍晚例会。同年，将总公司迁到大阪府北河内郡门真村（现门真市）；制定"松下电器应遵奉的五大精神"（1937年改为"七大精神"）。

1934年，39岁。开办松下电器员工培训所，就任所长。

1935年，40岁。将松下电器制作所改组为股份制，成立松下电器产业股份公司。同时将原来的事业部制改为分公司制，设立9个分公司。

1940年，45岁。召开第一届经营方针发布会（其后每年召开）。

1943 年，48 岁。在军部要求下成立松下造船股份公司、松下飞机股份公司。

1945 年，50 岁。二战结束。次日，召集公司干部，呼吁通过恢复和平产业来重建日本。8 月 20 日，举行"奉告松下电器全体员工"的特别训示，呼吁大家要有应付困难局面的决心。

1946 年，51 岁。松下电器以及松下幸之助本人被 GHQ（驻日盟军总司令部）指定为财阀家族，受到撤销公职等七项处置（1946 年 3 月～1948 年 2 月）。全国代理商、松下产业工会发起请愿运动，要求免予撤销公职。11 月 3 日，创立 PHP 研究所，就任所长。

1949 年，54 岁。为了企业重建合理化，首次让员工自愿辞职；负债 10 亿日元，被报道为"欠税大王"。

1950 年，55 岁。随着各项限制被解除，情况逐渐好转，摆脱经营危机。在紧急经营方针发布会上，公布经营重建声明："在狂风暴雨中，松下电器终于重新站起来了。"

1951 年，56 岁。在年初的经营方针发布会上呼吁："要以'松下电器今天重新开业'的心态开展经营活动。"第一次、第二次赴欧美考察。

1952 年，57 岁。赴欧洲，与荷兰飞利浦公司签订技术合作协议。

1961 年，66 岁。辞去松下电器产业股份公司总经理职务，就任董事长。

1962 年，67 岁。作为《时代周刊》的封面人物被介绍给全世界。

1964 年，69 岁。在热海召开全国销售公司、代理商总经理座谈会。

1968 年，73 岁。举行松下电器创业 50 周年纪念庆典仪式。

1972 年，77 岁。出版著作《思考人类——提倡新的人类观》。

1973 年，78 岁。辞去松下电器产业股份公司董事长职务，就任顾问。

1979 年，84 岁。设立财团法人"松下政经塾"，就任理事长兼塾长。

1981 年，86 岁。获得"一等旭日大绶章"勋章。

1982 年，87 岁。就任财团法人"大阪 21 世纪协会"会长。

1983 年，88 岁。设立财团法人"国际科学技术财团"，就任会长。

1987 年，92 岁。获得"一等旭日桐花大绶章"勋章。

1988 年，93 岁。设立财团法人"松下国际财团"，就任会长。

1989 年，94 岁。4 月 27 日上午 10 时零 6 分去世。